Jörg Sczepek

*Photo*Wissen
Naturwissenschaften und Psychologie
für Photographen

5 Natürliches Licht

NaturWissenschaft
+Photographie

Impressum

© 2011 Jörg Sczepek
Alle Rechte vorbehalten

Herstellung und Verlag:
Books on Demand GmbH, Norderstedt

ISBN 9783842337565

Die Wiedergabe von Gebrauchsnamen, Handelsnamen, Warenbezeichnungen usw. in diesem Buch berechtigen auch ohne besondere Kennzeichnung nicht zu der Annahme, daß solche Namen im Sinne der Warenzeichen- und Markenschutzgesetzgebung als frei zu betrachten wären und daher von jedem benutzt werden dürften.
Text und Abbildungen dieses Buches wurden mit größter Sorgfalt erarbeitet. Verlag und Autor können jedoch für eventuell verbliebene fehlerhafte Angaben und deren Folgen weder eine juristische Verantwortung noch eine wie auch immer geartete Haftung übernehmen.

Soweit nicht ausdrücklich anders angegeben beziehen sich Brennweitenangaben auf das volle Kleinbildformat 24x36 mm und Belichtungswerte auf ASA 100.

„Die Rechtschreibreform führt zur Verflachung der deutschen Sprache und ist ein kostspieliger Unsinn" (Siegfried Lenz, 1996). Dieser Kritik und dem „Frankfurter Apell" schließt sich der Autor dieses Buches an und bleibt bei jenen Regeln, die als „alte Rechtschreibung" bekannt sind.

Inhaltsverzeichnis

Einleitung 6

1. Das Licht - Treibstoff der Visualität
Das elektromagnetische Spektrum 10
Beschreibung des Unfassbaren - Welle oder Teilchen 12
Mit dem Strich oder dagegen –
  Die Polarisation elektromagnetischer Wellen 14
Licht erzeugen – Mehr als nur am Schalter knipsen 17

2. Erde und Sonne – Die Beziehungen zu unserer Lichtspenderin
Geometrische Grundlagen oder warum 1+1 gleich 23 ½ ergibt.................. 22
Die Jahreszeiten 24
Die unterschiedlichen Längen von Tag und Nacht 27

3. Lichtphänomene in der Atmosphäre
Streuungsphänomene 32
  Gleichmäßige Streuung des Lichts zu nahezu weiß –
    Die Mie-Streuung und der Dunst.. 32
  Ungleichmäßige Streuung des Lichts zu (nahezu) einer einzelnen Farbe –
    Die Rayleigh-Streuung und das Himmelsblau 36
Sonderfall niedriger Sonnenstand –
  Die kombinierte Streuung des Lichts bringt die stärksten Farben 40
  Die Dämmerungsphänomene 42
Brechungsphänomene.. 50
  Atmosphärische Refraktion – Die Sterne stehen tiefer als wir denken 50
  Regenbögen – Das ganze Spektrum der Farben... 52

Inhaltsverzeichnis

4. Der Mond – unser Begleiter durch die Nacht
   Der Mond als Motiv im Bild 56
      Zunächst die Geometrie 56
      Die Mondumlaufbahn 58
      Mondauf- und -untergang 60
      Phasen eines Umlaufs 62
      Geometrie allein macht noch kein gutes Bild 66
   Der Mond als lichtspendendes Objekt 71
      Die Gerätschaften 72
      Technik und Gestaltung 73
      Licht gleich Helligkeit 75

5. Die Sterne - zu viele Pünktchen, um sie zu zählen
   Die Erde ist kein Stern 80
   Sternenpunkte - Pinpoint Stars 80
      Vorbereitende Berechnungen und ein wenig Astronomie 80
   Sternenspuren – Startrails 86
      Belichtung und Technik 87
      Bogen ist nicht gleich Bogen - Aussehen und Gestaltung der Startrails 89
      Kreative Ansätze und ein bißchen Schummelei 94

6. Wie die Geometrie für ein gutes Photo arbeitet
   Astronomie als Dienstleister 98
   Der Kompass 99
   Der Neigungsmesser 102
   Wir orientieren uns an einem real vor uns liegender Ort 104
   Wir orientieren uns an einem auf der Karte vor uns liegender Ort 105
   Die elektronischen Helfer 106

7. Anhang
   Anmerkungen 110
   Literaturverzeichnis 110
   Stichwortverzeichnis 116

Einleitung

Ein paar Worte vorweg

Die Reihe *Photo*Wissen ist ein Kind der Unzufriedenheit. Der Unzufriedenheit über die Gleichgültigkeit, mit der die populäre Standardliteratur über die eigentlichen Grundlagen der Photographie hinweggeht. Diese Grundlage ist unsere Art zu sehen, womit die physiologischen Fähigkeiten und Voraussetzungen unseres visuellen Systems gemeint sind. Viele Texte heben nur auf die technischen Details der Photographie ab, ohne deutlich zu machen, daß die Phototechnik nicht vom Himmel gefallen ist. Vielmehr basiert sie auf dem, was uns die Wissenschaft über unsere visuellen Fähigkeiten gelehrt hat. Eine der Grundlagen der Photographie sind also wir selbst!

Ein Beispiel. Da ich als Photograph dem Dia schon immer stärker zugeneigt war als dem Negativ, trieb mich lange eine Frage um: „Warum zum *bleep* verläuft die Charakteristik-Kurve beim Umkehrfilm so viel steiler als beim Negativmaterial?" – Im aktuell voll entbrannten Digitalzeitalter mag dies als Anachronismus gelten, aber ich belichte nach wie vor gern Diafilme. Vielleicht nur, um gegen den Strom zu schwimmen. Wie auch immer, auf der Suche nach einer Antwort auf diese Frage habe ich zahllose Buchseiten gewälzt, noch mehr Websites durchgeackert und viele Internetforen konsultiert. Die Liste der Ergebnisse war so vielfältig, wie die ihrer Quellen. Sie reichte vom schlichten „weil er länger entwickelt wird" über „damit die Farben gesättigter sind" bis zu „, um den Motivkontrast im Dunklen richtig zu reproduzieren". Die richtige Antwort war also dabei, aber das konnte ich erst einschätzen, nachdem ich mich durch die Grundlagen unserer Visualität gearbeitet und gelernt hatte, daß wir den Kontrast und dunklen- und hellen Umgebungen unterschiedlich wahrnehmen. Der Band 3 dieser Reihe – „*Kontrast*" – widmet sich diesem Thema ausführlich.

Vielleicht meinen es die Autoren nur gut, wenn sie die interessierten Leser mit den tiefliegenden Einzelheiten verschonen, aber vielleicht kommt darin auch nur der inzwischen weit verbreitete Hang zu einfachen Wahrheiten zum Ausdruck. Fakt ist aber, daß das Erlangen echter Kenntnis selten leicht und bequem ist, am Ende aber immer einen immensen Vorteil darstellt. Denn „*Luck favours the prepared mind*", wie der US-Naturphotograph Galen Rowell so treffend geschrieben hat. Erst die Vorbereitung in Form von Wissenserwerb versetzt uns in die Lage, eine gewollte Situation zum richtigen Zeitpunkt herbeizuführen. So ist das Ziel der Reihe *Photo*Wissen

Einleitung

also, die Verbindungen zwischen der Natur, den Wissenschaften und der Photographie aufzuzeigen, damit die Technik leichter zu verstehen ist. Auf dieser Basis ergibt sich vieles dann ein gutes Stück weit von allein.

Das erste Kapitel erläutert, daß wir Licht, den Motor unserer Visualität und der Photographie, zwar als bestimmten Teil des elektromagnetischen Spektrums beschreiben können, trotz oder dank der Quantentheorie aber nach wie vor nicht sicher wissen, was es genau ist: Welle oder Teilchen.

Das zweite Kapitel befasst sich mit den astronomischen und geometrischen Gegebenheiten zwischen Erde und Sonne, unserer wichtigsten Lichtspenderin. Im speziellen arbeitet es heraus, wie die Jahreszeiten entstehen und warum Tag und Nacht übers Jahr unterschiedlich lang sind.

Der dritte Abschnitt stellt die photographisch wichtigsten Lichtphänomene der Atmosphäre vor: Die Mie-Streuung, die den nahezu weißen Dunst verantwortet. Die Rayleigh-Streuung, die für das Himmelsblau sorgt. Die kombinierten Streuungsphänomene bei Sonnenauf- und -untergang. Und die für die Refraktion und die Regenbögen sorgenden Brechungsphänomene.

Das vierte Kapitel widmet sich dem Mond. Der erste Teil stellt La Luna als photographisches Motiv vor, erläutert alle in dieser Hinsicht wichtigen Faktoren des Mondumlaufs und gibt Hinweise zur Bildgestaltung. Der zweite Teil führt den Mond als Lichtspender in die Nachtphotographie ein und stellt alle in dieser Hinsicht bedeutsamen Einzelheiten detailliert vor.

In der gestaltenden Photographie spielen die leuchtenden Punkte am Nachthimmel, die wir landläufig Sterne nennen, als Sternenpunkte (Pinpoint Stars) oder Sternenspuren (Startrails) die größte Rolle. Beide sind das Thema in Kapitel fünf.

Kapitel sechs befaßt sich damit, wie wir die astronomischen- und geometrischen Gegebenheiten in Bezug auf Sonne, Mond und Sterne für die kreative Bildidee arbeiten lassen können. Mit welchen Hilfmitteln wir also vorausberechnen können, wann wir wo welches Licht zu erwarten haben.

1 Das Licht – Treibstoff der Visualität

Inhalt

Das elektromagnetische Spektrum
Beschreibung des Unfassbaren - Welle oder Teilchen
Mit dem Strich oder dagegen –
   Die Polarisation elektromagnetischer Wellen
Licht erzeugen – mehr als nur am Schalter knipsen

Das Licht – Treibstoff der Visualität

Das elektromagnetische Spektrum

Ted Orland's „*Compendium of Photographic Truth – eine Sammlung moralischer Prinzipien, Axiome und Grundsätze denen sich jeder Photograph stellen sollte*", sagt: „*Entfernte Objekte können nicht mit kurzen Belichtungszeiten aufgenommen werden – das Licht legt nur gute 300 km in 1/1000 Sekunde zurück.*" Verrückt, was? Aber ein Körnchen Wahrheit liegt schon drin, denn das Licht transportiert die optischen Informationen unserer Umwelt und ohne Lichtreize gäbe es keine visuelle Wahrnehmung und auch keine Photographie. Grund genug, sich näher mit dieser Voraussetzung aller visuellen Vorgänge zu befassen. Tun wir dies, haben wir zunächst einmal zur Kenntnis zu nehmen, dass es eine eigenständig greifbare Substanz, wie sie der Begriff Licht impliziert, gar nicht gibt. Das, was wir traditionell so nennen, ist nur der Ausschnitt der uns umgebenden elektromagnetischen Strahlung, für den wir aufgrund unserer Physiologie eine gewisse Empfindlichkeit entwickelt haben. Die Gesamtheit dieser Strahlung nennen wir das **elektromagnetische Spektrum** und wir unterteilen es wie folgt:

Gammastrahlung
1 Femtometer (10^{-15}) –
1 Picometer (10^{-12} m)

Röntgenstrahlung
1 Ångström (10^{-11}) –
1 Nanometer (10^{-9} m)

Ultraviolettstrahlung
< 1 Mikrometer ($10^{-8} - 10^{-7}$ m)

Sichtbares Licht
380 Nanometer – 780 Nanometer

Infrarotstrahlung
> 1 Mikrometer ($10^{-6} - 10^{-5}$ m)

Teraherzstrahlung
< 1 Millimeter (10^{-4} m)

Mikrowellen
1 Millimeter (10^{-3}) –
1 Zentimeter (10^{-1} m)

Rundfunk- und Fernsehstrahlung
< 10 Meter (10^{0}) –
< 10 Kilometer (10^{4} m)

Hoch-, Mittel- und Niederfrequente Wechselströmen
> 10 Kilometer ($10^{5} - 10^{7}$ m)

Die elektromagnetische Strahlung und ihr Spektrum

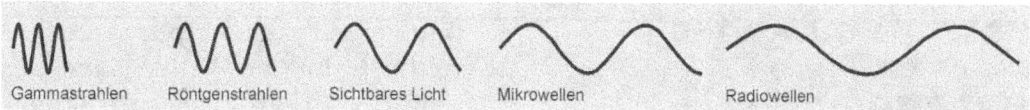

Abb. 1: Elektromagnetische Wellen
Die verschiedenen Arten elektromagnetischer Wellen und ihre unterschiedlichen Wellenlängen.

Angesichts dieser großen Bandbreite nimmt sich die Empfindlichkeit unseres visuellen Wahrnehmungsapparates eher gering aus. Mit dem Bereich zwischen 380 nm (0,00000038 Meter Wellenlänge) und 780 nm (0,00000078 Meter Wellenlänge) liegt sie zwischen der ultravioletten Strahlung auf der kurzen und der Infrarotstrahlung auf der langen Seite und umfasst damit weniger als 1 % des Gesamtspektrums. Die Disziplin der **Optik** ist jene Sparte der Wissenschaften, die den für uns sichtbaren Teil der elektromagnetischen Strahlung erkundet.

Warum wir gerade für diesen schmalen Bereich des Spektrums sensibel sind? Nun, Strahlung im Wellenlängenbereich unterhalb von 380 nm (**Ultraviolett**) ist so energiereich, daß sie die Photopigmente in unseren Augen schnell zerstören und, innerhalb eines etwas längeren Zeitraums, die Augenlinse gelb trüben würde. Manche Vogelarten und Insekten haben eine Empfindlichkeit für UV-Licht entwickelt, sterben aber bevor diese messbaren Schaden anrichten kann. Größere Säuger, wie wir, besitzen eine längere Lebensspanne und müssen ihr visuelles System deswegen diesen schädigen Einflüssen anpassen. Auf der anderen Seite des Spektrums sind Wellenlängen oberhalb von 780

**Wellenlänge: Der Abstand zwischen zwei aufeinander folgenden Wellenbergen
Amplitude: Der vertikale Abstand zwischen Wellenberg und Wellental
Frequenz: Die Anzahl der Schwingungen pro Zeiteinheit**

nm primär Wärmestrahlung (**Infrarot**) und diese gibt wenig Auskunft über die Beschaffenheit der Objekte. Auf Infrarotfilm sieht ein Gesicht aus wie ein heißes Eisenskelett und deswegen gibt es unter Tageslicht anhand der langwelligen Strahlung wenig über die Welt zu lernen. Unser Sehen schenkt also den Enden des Spektrums wenig Beachtung und ist statt dessen auf jenen mittleren Bereich konzentriert, der am stärksten und unterschiedlichsten mit der Materie interagiert und uns am meisten über die Welt verrät.

Das Licht – Treibstoff der Visualität

Beschreibung des Unfassbaren – Welle oder Teilchen?

Die elektromagnetische Strahlung breitet sich in Form von elektromagnetischen Wellen in den Raum aus. Sie bestehen aus einem elektrischen und einem magnetischen Feld, die senkrecht zueinander stehen und in einer räumlich beliebigen, aber immer senkrecht zur Ausbreitungsrichtung stehenden, Ebene pulsieren. Am Besten stellt man sich dies in Form einer stehenden und einer liegenden Sinuswelle vor. Diese Art Welle bezeichnet man als transversal, weil der schwingende Teil seitlich (senkrecht) zur Ausbreitungsrichtung steht. Elektromagnetische Wellen breiten sich mit Lichtgeschwindigkeit (299792458 km pro Sekunde) aus und brauchen im Gegensatz zu den Schallwellen keinen Träger, können sich demzufolge auch im luftleeren Raum fortpflanzen. Ihre Kenndaten sind die **Wellenlänge**, der Abstand zwischen zwei aufeinander folgenden Wellenbergen, die **Amplitude**, der vertikale Abstand zwischen Wellenberg und -tal und die **Frequenz**, welche die Anzahl der Schwingungen pro Zeiteinheit angibt. Da wir von vielen verschiedenen strahlenden Körpern umgeben sind, umgibt uns permanent eine große Spannweite elektromagnetischer Strahlung in den unterschiedlichsten Wellenlängen und Frequenzen.

Um zu verstehen wie langwellige elektromagnetische Strahlung, sagen wir Radiowellen, entsteht, vollziehen wir gemeinsam ein Experiment nach. Heinrich Hertz, nach dem die Einheit der Frequenz benannt ist, hat es schon gegen Ende des 19. Jahrhunderts durchgeführt. Hertz versetzte einen rund 30 cm langen und wenige Millimeter starken Metallstab (**Dipol**) in elektrische Schwingungen, indem er an dessen einem Ende für kurze Zeit eine elektrische Ladung durch Funkenendladung aufbrachte. Dadurch entsteht eine Spannung zwischen beiden Enden des Stabes, die ein elektrisches Feld hervorruft, in dem die Energie gespeichert ist. Diese Spannung gleicht sich zwischen den beiden Enden des Stabes durch Stromfluss aus und ruft ein elektrisches Feld hervor,

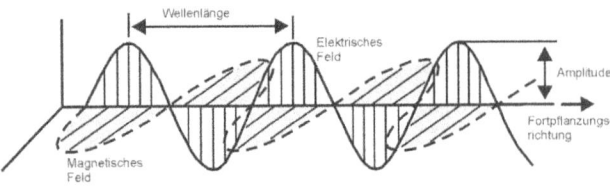

Abb. 2: Die elektromagnetische Welle und ihre Ausbreitungsrichtungen

Beschreibung des Unfassbaren – Welle oder Teilchen?

das wiederum die Energie speichert. Ist der Stromfluss maximal, erreicht auch das Magnetfeld seinen maximalen Wert. Fällt der Stromfluss ab, tut dies auch das Magnetfeld und sorgt durch Induktion dafür, daß der Strom im Stab in umgekehrter Richtung weiterfließt. Dieser Vorgang der periodischen Umwandlung der Energie zwischen elektrischem und magnetischem Feld wiederholt sich in jeweils umgekehrter Richtung und der Dipol führt jene elektrische Schwingung aus, die wir graphisch aufbereitet als elektromagnetische Welle verstehen.

Da die Wellenlänge der elektromagnetischen Strahlung doppelt so groß ist wie der Dipol selbst, ist ein solcher gut geeignet, um Wellen im Bereich von Zentimetern oder Metern zu erzeugen. Wellenlängen unterhalb von einem Zentimeter sind dagegen in Dipolen nur schwer zu erzeugen. In diesem Bereich setzt man meist leitende Hohlräume als Oszillatoren ein. Noch kürzere Wellenlängen sind dann den Molekülen oder Atomen vorbehalten. Und obwohl ein Atom mit einem Durchmesser in der Größenordnung von 0,1 nm viel kleiner ist als die durchschnittliche Wellenlänge des sichtbaren Lichts mit 500 nm, finden wir den zuvor geschilderten Prozess des schwingenden Dipols auch hier wieder.

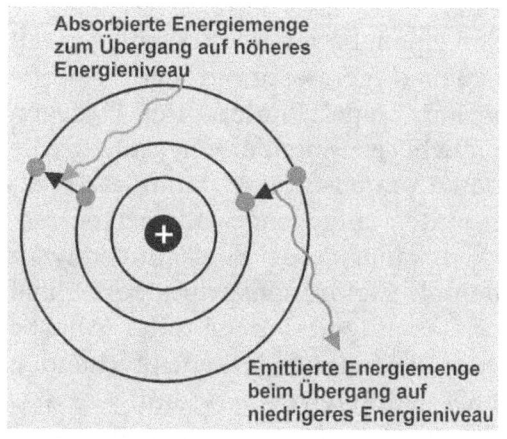

Abb. 3: Atomaufbau
Das Atommodell und die Energieniveaus der Elektronen

Um die Entstehung von elektromagnetischer Strahlung auf Atomebene zu verstehen, müssen wir einen kurzen Blick ins Innere eines beliebigen Atoms werfen. Dort bewegen

Licht ist nur unsere Auffassung oder Interpretation des Energiepotentials der elektromagnetischen Strahlung.

sich die Elektronen (die negativ geladenen Teilchen) strahlungsfrei (ohne Energieverlust) auf festgelegten Bahnen um die Protonen (die positiv geladenen Teilchen) im Kern. Je größer der Abstand der Bahnen vom Kern, um so größer ist das Energieniveau des Elektrons. Jedesmal wenn ein Elektron

Das Licht – Treibstoff der Visualität

von einem höheren Energieniveau auf ein niedrigeres springt wird Energie in Form eines **Photons** frei. Dagegen braucht es Energie von außen, die das Atom absorbiert, damit das Elektron den entgegengesetzten Weg machen kann. Beide Bewegungen werden als **Elektronensprung** bezeichnet und er erfolgt immer unter Abgabe oder Aufnahme der entsprechenden Energiedifferenz, damit das Energieniveau des Gesamtsystems gleich bleibt.

Und genau diese Emissions- und Absorptionsvorgänge im Innern der Atome sind es, die den Physikern bis heute zu schaffen machen, denn zu ihrem Verständnis reicht die auch von uns bisher benutzte Vorstellung der elektromagnetischen Strahlung als kontinuierliche Welle nicht aus. Max Plancks **Quantenhypothese** aus dem Jahr 1900 erklärt sie uns vielmehr damit, daß ein elektrisch schwingendes System seine Energie eben nicht kontinuierlich an ein elektromagnetisches Feld abgibt oder von ihm aufnimmt, sondern dies in ganz kleinen Beträgen, den so genannten **Quanten**, tut. Albert Einstein führte diese Energiequanten dann 1905 bei der Erklärung des Photoeffekts als die schon von Isaak Newton in den 1670er Jahren in seiner Emissionstheorie propagierten **Lichtteilchen** oder **Photonen** in die Physik ein.

Mit diesem theoretischen Rüstzeug können wir das Licht als elektromagnetische Welle einerseits und als Teilchenstrom (Photonen) andererseits beschreiben, und nur die Anordnung des jeweiligen Experiments entscheidet darüber, ob es in der einen oder anderen Form in Erscheinung tritt.

Mit dem Strich oder dagegen – Die Polarisation elektromagnetischer Wellen

Die Richtung (Ebene), in der das elektrische Feld schwingt, ist gleichzeitig die so genannte **Polarisationsrichtung** der elektromagnetischen Welle. **Unpolarisierte Strahlung**, wie sie die Sonne oder eine Glühlampe abgeben, weist elektromagnetische Wellen mit jeder beliebigen Orientierung der elektrischen Felder auf. **Linear polarisierte Strahlung** besitzt dagegen ausschließlich elektromagnetische Wellen mit elektrischen Feldern nur einer einzigen Ausrichtung, beispielsweise im 30° oder 90° Winkel zur Ausbreitungsrichtung. Hierbei

Mit dem Strich oder dagegen –
Die Polarisation elektromagnetischer Wellen

Die Polarisierung von elektromagnetischen Wellen kann auf verschiedene Arten erfolgen. Drei Arten sind für uns besonders interessant, weil sie uns entweder in der Natur begegnen oder in technischer Hinsicht relevant für die Photographie sind.

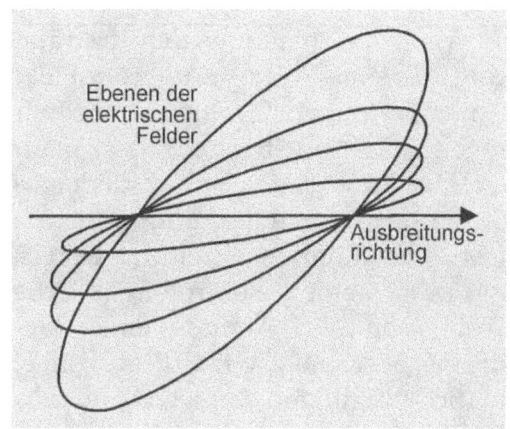

Abb. 4: Elektrische Feldebenen
Schwingungsebenen der elektrischen Felder einer elektromagnetischen Welle. Die Schwingungsebene kann jede beliebige Orientierung senkrecht zur Ausbreitungsrichtung annehmen.

schwingen elektrisches- und magnetisches Feld gleichphasig, das heißt ihre Stärke ist an denselben Orten entlang der Ausbreitungsrichtung zu denselben Zeiten null. Im Fall von **zirkular polarisierter Strahlung** weisen das elektrische und das magnetische Feld dagegen zwar dieselbe Amplitude auf, sind aber in der Phase um 90° versetzt. Wenn die eine Komponente ihr Maximum erreicht, steht die andere an ihrem Minimalwert und umgekehrt. So beschreibt der Vektor aus der Summe beider Komponenten folglich eine kreisförmige Rotation nach links oder rechts um die Achse der Ausbreitungsrichtung.

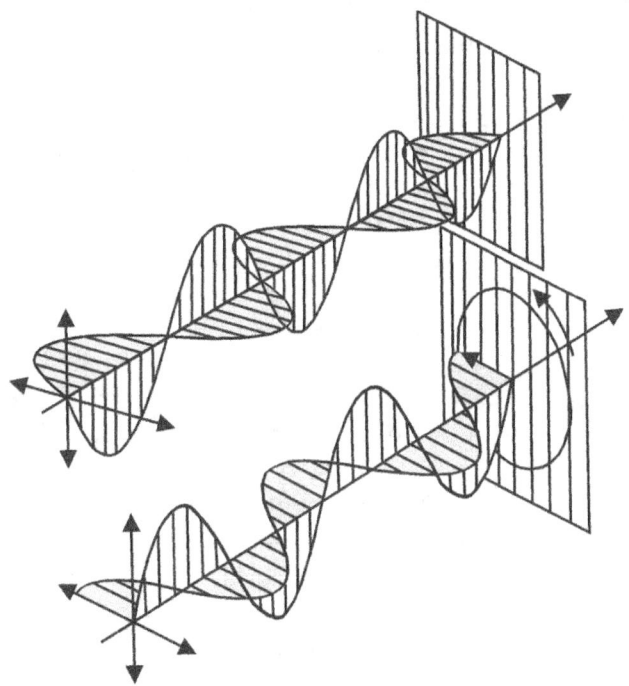

Abb. 5: Elektromagnetische Wellen linear und zirkular
Die elektrischen und magnetischen Felder weisen im Fall der im 90° linear polarisierten Welle (oben) zur gleichen Zeit und am selben Ort das potential null auf und pflanzen sich aufgrund dessen linear fort. Im Gegensatz dazu sind die Felder bei der zirkular polarisierten Welle (unten) gegeneinander versetzt, was zu einer Rotation des elektrischen Feldes um die Achse der Ausbreitungsrichtung führt.

Das Licht – Treibstoff der Visualität

Elektromagnetische Strahlung kann durch die **Reflexion an nicht metallischen Oberflächen** polarisiert werden. Dies beobachten wir besonders häufig an Glas-, Kunststoff- oder Wasserflächen, Schneefeldern oder auch dem Asphaltbelag von Straßen. Der Grad der Polarisierung hängt zwar grundsätzlich vom

Polarisation ist die Herstellung einer einheitlichen Schwingungsrichtung aus ansonsten unregelmäßigen Schwingungen der einfallenden Strahlung.

Beleuchtungswinkel und der Art des Oberflächenmaterials ab, aber die genannten Materialien reflektieren oft so, daß ein großer Anteil der Schwingungsrichtungen parallel zu ihrer Oberfläche ausgerichtet ist. Daher erscheinen uns Gegenstände, die wir in auf solche Art reflektiertem und polarisiertem Licht betrachten, oft ein wenig verschwommen oder überstrahlt.

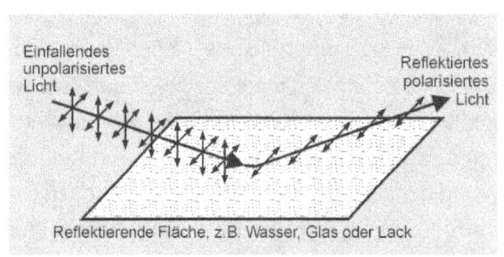

Abb. 6: Polarisation durch Reflexion

Auch das Phänomen der **Streuung** sorgt für eine Polarisierung der elektromagnetischen Strahlung, wie wir regelmäßig am Beispiel des blauen Himmels (siehe „Die Rayleigh-Streuung und das Himmelsblau") feststellen können. Streuung bedeutet, daß eine elektromagnetische Welle von den Atomen eines Mediums absorbiert wird, diese dabei in Schwingungen versetzt und zur Emission einer neuen elektromagnetischen Welle anregt. Diese strahlt in alle Richtungen und zwingt wiederum die Elektronen benachbarter Atome mit derselben Frequenz zu schwingen. Der Vorgang setzt sich von Atom zu Atom fort und produziert eine zumindest teilweise polarisierte Strahlung, die die eventuell vorhandenen scharfen Konturen am Motiv verschwimmen lässt.

Und natürlich können wir elektromagnetische Strahlung beziehungsweise den Teil, den wir als Licht auffassen, auch durch einen **Filter** schicken, um sie auf eine einheitliche Schwingungsebene zu trimmen. Solche **Polarisationsfilter** bestehen aus einer durchsichtigen Kunststofffolie, die aus einer Gitterstruktur langgestreckter und zueinander paralleler Molekülketten aus beispielsweise Polyvinylalkohol (PVA) aufgebaut ist. Aufgrund ihrer

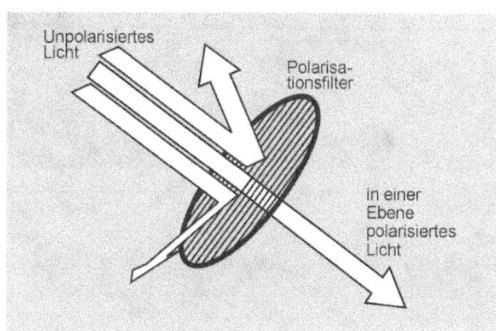

Abb. 7: Funktionsprinzip des Polfilters

Licht erzeugen – Mehr als nur am Schalter knipsen

Soviel zu den Grundlagen, aber getreu dem Motto *„nur was wir sehen können zählt"* beschäftigen sich der Rest des Stoffs weitgehend mit dem schmalen Bereich des sichtbaren Spektrums der elektromagnetischen Strahlung, für den wir die Bezeichnung „Licht" beibehalten wollen.

Beginnend bei 400 nm Wellenlänge erscheint uns das Licht zunächst als violett-blau, dann grün (500 nm), gelb (570 nm), orange (600 nm) und rot bei 650 nm.

Zu den wichtigsten Licht erzeugenden Gruppen zählen die **Temperaturstrahler**, wie zum Beispiel die Sonne, eine Kerze oder auch eine Glühlampe. Einen Körper zu erhitzen bedeutet, ihm Energie zu zuführen und seine Atome damit zur Abgabe von Strahlung anzuregen. Je höher die Temperatur ist, umso größer ist die Anregung und umso höher ist auch die Frequenz der abgegebenen Strahlung. Im Alltag haben wir alle schon die Erfahrung gemacht, daß ein Körper, der erhitzt wird, irgendwann zu glühen beginnt und Licht aussendet. Je höher die Temperatur,

chemischen Beschaffenheit sind diese Stoffe in der Lage den nicht parallel zu ihrer Ausrichtung einfallenden Teil der Strahlung zu absorbieren. Fällt unpolarisiertes Licht, das elektromagnetische Wellen mit vielen verschiedenen Orientierungen der elektrischen Felder enthält, ein und steht das Filtergitter senkrecht, können auch nur die senkrecht schwingenden Anteile der Wellen passieren. Die waagerecht Schwingenden werden wegen ihrer in dieser Richtung zu großen Ausdehnung zurückgehalten. Elektromagnetische Wellen, die in einem von der Vertikalen abweichenden Winkel schwingen, verlieren beim Durchgang durch einen solchen Filter in dem Maß an Intensität, in dem ihr Polarisationswinkel von der Senkrechten abweicht.

Das Licht – Treibstoff der Visualität

400 nm   500 nm   600 nm   700 nm

Abb. 8: Das Spektrum des sichtbaren Lichts
Das für uns Menschen sichtbare Spektrum der elektromagnetischen Strahlung und die Farben, die wir daraus konstruieren.

umso größer ist der für uns sichtbare Anteil. Bei etwa 6000 °C, der ungefähren Temperatur der Sonnenoberfläche, liegt das Maximum der abgegebenen Strahlung recht genau in der Mitte des sichtbaren Spektrums. Werte unterhalb dieser Eichmarke führen zu Maxima im mehr langwelligen roten Bereich, Werte darüber zu solchen am kurzwelligen blauen Ende des Spektrums. Die rund 50 °C warme Heizung zu Hause sendet demzufolge nur für uns unsichtbare Infrarotstrahlung aus und eine Glühbirne, deren Glühdraht gute 2000 °C erreicht, gibt ein im Vergleich zur Sonne immer noch leicht rötliches Licht ab. – Der leidige Farbstich dieser Beleuchtungsart auf einem auf Tageslicht abgestimmten Bildträger legt ein beredtes Zeugnis davon ab.

Der Großteil der von der Sonne abgegebenen Strahlung liegt zwischen 225 nm und 3200 nm Wellenlänge, aber nicht alles davon erreicht uns auf der Erde. Von den verschiedenen Bestandteilen der Atmosphäre reduziert ihn beispielsweise das Ozon um den kurzen blauen Bereich unterhalb von 320 nm und der Wasserdampf beziehungsweise die Wassertröpfchen und das Kohlendioxyd um den Teil oberhalb von 1100 und 2300 nm. Von dem verbleibenden Rest fällt dann nur noch die Hälfte in den für uns sichtbaren Ausschnitt.

Auch **die Entladung eines elektrisch aufgeladenen Gases** produziert Licht. Typische Vertreter dieser Lampengattung sind Neon-, Xenon- oder Natriumdampflampen. Sie arbeiten nach dem folgenden Prinzip. Durch die Elektroden an beiden Enden der gasgeladenen Röhre fließt ein Wechselstrom, der die Polarität der Ladung fortwährend umkehrt. Das daraus resultierende elektrische Feld löst einige Elektronen aus den Elektroden, die mit den Gasatomen kollidieren und diese zur Abgabe eines Photons anregen, eben entladen. Die Qualität des Lichts hängt von der Dichte und vor allem der Art des Gases ab. Quecksilberdampf produziert zum Beispiel eine große Menge UV-Strahlung, Natrium oder Neon geben dagegen mehr Strahlung im sichtbaren Bereich ab.

Der Vorgang der **Lumineszenz** ist ein weiterer, eher selten anzutreffender, Prozess der Lichtproduktion. Im Gegensatz zu den Wärmestrahlern funktioniert er allerdings, ohne das Material zu erhitzen, weil die eingesetzten Phosphorverbindungen in der Lage sind die Energie des einfallenden UV-Anteils zu absorbieren und in veränderter oder unveränderter Form wieder abzugeben. Findet die Abgabe parallel zur Aufnahme statt nennen wir das **Fluoreszenz**, dauert sie länger als die Aufnahme an heißt der Vorgang **Phosphoreszenz**.

Aber unabhängig von der vielfältigen Art seiner Erzeugung begegnet uns das Licht in der Natur und unter kontrollierten Bedingungen in den unterschiedlichsten Qualitäten, Formen und Nuancen, deren Wirkung die folgenden Kapitel mit photographischem Interesse studieren.

Nanometer (nm), von griechisch nãnos = Zwerg, der milliardste Teil eines Meters, Wert 10 hoch -9 oder 0,000.000.001

Mikrometer (µm), von griechisch mikrós = klein, der millionste Teil eines Meters, Wert 10 hoch -6 oder 0,000.001

2 Erde und Sonne – Die Beziehungen zu unserer Lichtspenderin

Inhalt

Geometrische Grundlagen oder warum 1+1 gleich 23 ½ ergibt
Die Jahreszeiten
Die unterschiedlichen Längen von Tag und Nacht

Erde und Sonne –
Die Beziehungen zu unserer Lichtspenderin

Geometrische Grundlagen oder warum 1+1 gleich 23 ½ ergibt

Um die astronomische Geometrie zu vereinfachen, einigen wir uns zunächst auf ein Betrachtungsmodell für unseren Planeten und seinen Stern. Wir wollen die Erde als Kugel anschauen, die sich für einen Beobachter an einem beliebigen geographischen Punkt als durch den **Horizont** begrenzte Scheibe darstellt (der Horizont im mathematischen Sinn ist ein Großkreis, der die Himmelskugel in zwei gleiche Hälften teilt und dessen Pol der Zenit ist. Als Natürlicher- oder Landschaftshorizont wird die Grenzlinie zwischen Himmel und Erde bezeichnet, die von den örtlichen Bedingungen abhängt). Über dieser erhebt sich die **Himmelskugel** oder auch das **Himmelsgewölbe**, welche(s) wir von unserer jeweiligen Erdhälfte aus als Halbkugel auffassen. Sein höchster Punkt ist der 90° vom Horizont entfernte **Zenit**, dem der **Nadir** (Fußpunkt) genau gegenüberliegt.

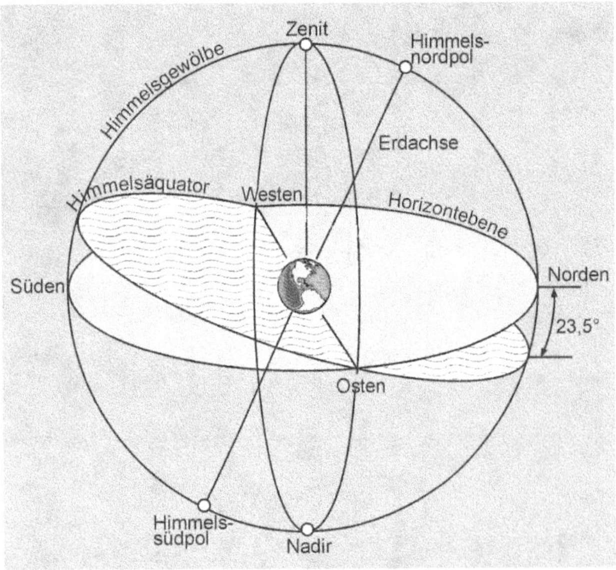

In diesem einfachen Horizontsystem würden wir von einer weit im Raum entfernten Position zuerst erkennen, daß die Erde die Sonne gegen den Uhrzeigersinn auf einer leicht elliptischen Bahn umläuft und für einen vollständigen Umlauf 365 Tage braucht. Der Einfachheit halber stellen wir uns nun zunächst vor, die Erdachse wäre entgegen der Wirklichkeit nicht geneigt, sondern stünde senkrecht zur Umlaufbahn um die Sonne. Würden wir nun alle zusammen auf dem Äquator dieser fiktiven Erde mit der Sonne direkt über uns stehen und könnten wir zusätzlich zur Sonne auch die Sterne sehen, so stellten wir folgendes fest: Während sich die Erde auf ihrer Umlaufbahn um die Sonne bewegt, würde die Sonne vor dem Hintergrund der Sterne jeden Tag

Abb. 9: Die Mechanik des Himmels

Geometrische Grundlagen oder warum 1+1 gleich 23 ½ ergibt

scheinbar ein Stückchen weiter nach Osten wandern und hätte nach einem Jahr wieder ihre Anfangsposition erreicht. Diese scheinbare Sonnenbahn wird **Ekliptik** genannt und für unsere künstlich gerade gestellte Erde wäre sie ebenfalls gerade und würde mit dem **Himmelsäquator** (dem an die Himmelskugel verlängerten Erdäquator) zusammenfallen.

Die Achse unserer wirklichen Erde ist aber um gut 23,5° geneigt und der Schlüssel zum Verständnis dessen, was passiert, ist, daß die Richtung dieser Neigung immer nahezu gleich bleibt. An einem Punkt auf der Umlaufbahn neigt die Erde der Sonne also mehr die Nordhalbkugel zu und an einem anderen mehr die Südhalbkugel. Gehen wir wieder zurück an unsere gemeinsame Position auf dem Erdäquator und schauen wir, wie sich dies auswirkt.

Während sich die Erde auf ihrer Bahn um die Sonne bewegt, scheint diese wie gehabt vor dem Hintergrund der Sterne jeden Tag etwas nach Osten zu wandern. Da sich durch die Bewegung der Erde um die Sonne nun aber zusätzlich die relative Neigung der Erde zur Sonne ändert, verläuft die scheinbare Sonnenbahn nicht mehr gerade, wie oben beschrieben, sondern wandert bezogen auf den Himmelsäquator im Verlauf eines Jahres von

Abb. 10: Die scheinbare Sonnenbewegung Analemna

Norden nach Süden und zeichnet jene aufsteigende und abfallende Linie, eben die oben genannte Ekliptik. Wie weit sie nach Norden und Süden wandert? Ganz einfach. Ihren nördlichsten Bogen beschreibt sie im Nordsommer (am 21. Juni) bei 23,5° nördlich des Äquators (bzw. Himmelsäquators) und ihren südlichsten im Nordwinter (am 21. Dezember) bei 23,5° südlich des Äquators (bzw. Himmelsäquators). Auf halbem Weg zwischen diesen beiden **Wendepunkten** passiert sie den Himmelsäquator jeweils, was wir als **Tagundnachtgleiche** (21. März und 23. September) kennen, weil sich Tag und Nacht dann genauso zueinander verhalten. Die Erscheinung der Ekliptik hängt also völlig vom Umlauf der Erde um die Sonne und der Neigung der Erdachse ab.

Erde und Sonne –
Die Beziehungen zu unserer Lichtspenderin

Und diese Bewegung können wir sogar photographisch abbilden, indem wir die Sonne in einer Vielfachbelichtung über ein ganzes Jahr in gleichmäßigen Zeitabständen von sieben oder neun Tagen zu jeweils derselben Zeit und vom selben Ort aus aufnehmen. Dieses **Analemna** genannte Phänomen (Abb. 10) präsentiert sich auf dem fertigen Bild dann als eine an das Unendlichkeits-Symbol erinnernde Form, deren horizontale Abmessungen durch die saisonale Nord-/Südbewegung der Sonne bestimmt werden und deren Neigung vom Breitengrad des Standorts abhängt. Am Äquator liegt sie flach und an den Polen steht sie senkrecht.

Damit haben wir in diesem Absatz schon die wesentlichsten Zusammenhänge im Verhältnis zwischen Erde und Sonne erarbeitet. Alles, was folgt, bezieht sich hierauf.

Die Jahreszeiten

Kernfusion ist ein bei uns kontrovers diskutiertes Thema zur Zukunftssicherung der Energieversorgung. Die technischen Hürden sie zu ermöglichen sind hoch und unsere Möglichkeiten bislang noch beschränkt, aber in der Sonne findet sie seit mindestens 4,5 Milliarden Jahren statt. Je vier Wasserstoffatome werden dort zu einem Heliumatom verschmolzen. Dabei erreicht uns auf den gesamten Erdquerschnitt gerechnet die gewaltige Energiemenge von 170000 Terawatt, die wir als Licht und Wärme auffassen. Wärme, welche die Sonne uns Europäern im Winter nur zurückhaltend, dafür im Sommer aber überreichlich spendet. Wo liegt der Grund für diesen wechselnden Gehalt, für die Jahreszeiten?

In Bezug auf die mit dem Wechsel der Jahreszeiten einhergehenden unterschiedlichen Temperaturen drängt sich zu allererst der Verdacht auf die Erde käme der Sonne auf ihrer jährlichen Umlaufbahn mal näher und mal weniger nah. Und dies ist grundsätzlich auch gar nicht ganz falsch, denn die Bahn der Erde um die Sonne ist ja leicht elliptisch mit einem sonnennahen Punkt am 3. Januar (Perihelion, 147,1 Millionen Kilometer Abstand) und einem sonnenfernen Punkt am 4. Juli (Aphelion, 152,1 Millionen Kilometer Abstand). Diese Entfernungsunterschiede verantworten aber nur einen Unterschied von 6 % in der übers Jahr von der Erde aufgefangenen Sonnenstrahlung – zu wenig, um mit den Jahreszeiten in Verbindung gebracht zu werden.

Die Jahreszeiten

Deren wahrer Grund liegt vielmehr in der um 23,5° geneigten Erdachse, die die Ebene des irdischen Äquators aus der gegenüber der Sonne senkrechten Position bringt, und der damit einhergehenden Veränderung des Einfallswinkels unter dem die Sonnenstrahlen die Erdoberfläche erreichen (siehe Abb. 11). Da die Erde diese Schrägstellung immer beibehält, neigt sie der Sonne während eines vollständigen Umlaufs unterschiedliche Bereiche ihrer Oberfläche zu, beziehungsweise steht mit der geneigten Achse parallel zu ihr (Abb. 12).

So Sie einen Globus besitzen, egal ob beleuchtet oder nicht, ist jetzt der richtige Moment, um ihn aus der Regalecke zu holen. Für die folgenden Betrachtungen wird er ihnen nützliche Dienste leisten.

Wenn wir das System Erde-Sonne über ein ganzes Jahr aus großer Entfernung beobachten, können wir entsprechend der zuvor getroffenen Feststellungen vier markante Konstellationen auf der Umlaufbahn unterscheiden: Nahe des sonnennächsten Punktes neigt die Erde der Sonne die Südhalbkugel zu und die Sonne steht senkrecht über dem 23,5ten südlichen Breitengrad (Sonnenwende am 21. Dezember). Eine Viertelumdrehung weiter wirkt sich die Schräg-

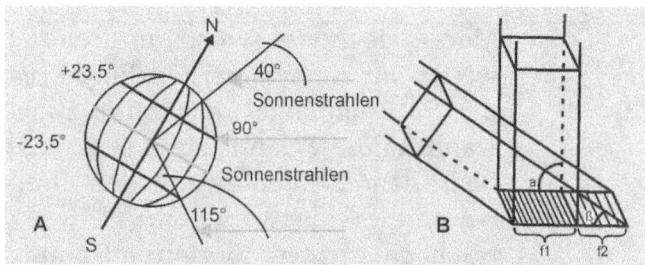

Abb. 11: Der Einstrahlungswinkel der Sonne in den Jahreszeiten

Die Erdstellung in Abb. A entspricht dem Nordsommer am 21. Juni. An diesem Datum steht die Sonne senkrecht über dem nördlichen Wendekreis, im Winkel von 40° über dem Nordpolarkreis und im Winkel von 115° über dem südlichen Wendekreis. Aus dem Vergleich der Flächen f1 und f2 und der Winkel a und ß in Abb. B leitet sich ab, daß die beschienene Fläche umso kleiner und die Strahlungsintensität umso größer ist, je näher der Einstrahlungswinkel an 90° liegt.

stellung nicht mehr aus, die Erdachse steht parallel zur Sonne und diese folgerichtig im 90° Winkel über dem Äquator (Tagundnachtgleiche am 21.

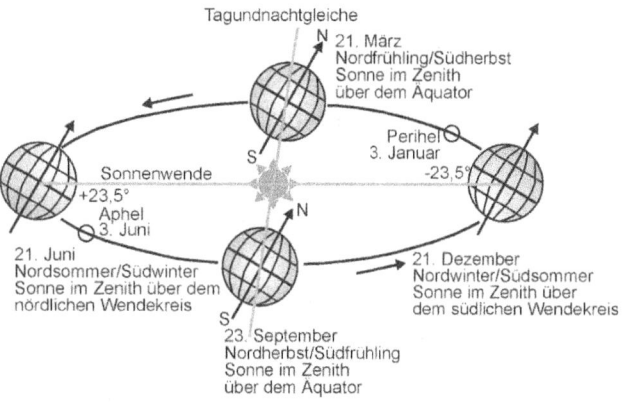

Abb. 12: Die Umlaufbahn der Erde und die Jahreszeiten

25

Erde und Sonne –
Die Beziehungen zu unserer Lichtspenderin

März). Noch eine Viertelumdrehung weiter, im sonnenfernsten Punkt, ist die Nordhalbkugel der Sonne zugewandt und die Sonne steht senkrecht über dem 23,5ten nördlichen Breitengrad (Sonnenwende am 21. Juni). Nach der dritten Viertelumdrehung ist wieder die Mittelstellung erreicht und die Sonne steht im 90° Winkel über dem Äquator (Tagundnachtgleiche am 23. September).

Mit den magischen 23 ½ Grad lassen sich die wichtigsten Zusammenhänge im Verhältnis zwischen Erde und Sonne erklären. Sie sind hier das Maß der vollkommenen Symmetrie.

Im Nordsommer fallen die Strahlen auf der Nordhalbkugel demzufolge viel steiler ein als im Winter und umgekehrt im Südsommer auf der Südhalbkugel. Und da nach dem sogenannten Lambertschen Gesetz gilt *„je steiler der Einfallswinkel, um so höher die auf die Erdoberfläche ankommende Strahlungsenergie, weil sie bei steilerem Einfallswinkel eine kleinere Fläche bestreichen"*, wird klar, warum es im Sommer so heiß ist.

Bezogen auf die Erde addiert sich noch die bei steilem Einfallswinkel geringere Filterwirkung der Atmosphäre für das energiereiche kurzwellige (blaue) Spektrum.

Die Sonne wandert aufgrund der schrägstehenden Erdachse also scheinbar über den relativ engen Bereich zwischen 23,5° nördlicher Breite (ihrem nördlichsten Punkt und deswegen nördlichen Wendekreis) und 23,5° südlicher Breite (analog ihrem südlichsten Punkt und folgerichtig südlichen Wendekreis) und jede der erwähnten vier Positionen (die folgenden kalendarischen Daten sind eine willkürlich darübergestülpte Ebene) markiert den Beginn einer Jahreszeit.

Für uns auf der Nordhalbkugel beginnt der **Winter**, wenn die Sonne am 23. Dezember im 90° Winkel über dem südlichen Wendekreis steht und uns den kürzesten Tag und die längste Nacht beschert. Traditionell nennen wir dies Wintersonnenwende. Den **Frühlingsanfang** verbinden wir mit der folgenden senkrechten Stellung der Sonne über dem Äquator am 21. März. Zu diesem Zeitpunkt sind beide Pole gleich weit von der Sonne entfernt und der Tag und die Nacht sind gleich lang. Der heiß ersehnte **Sommer** beginnt am 21. Juni, wenn die Sonne die nördliche Grenze ihrer Reise, den nördlichen Wendekreis, erreicht hat. Den damit verbundenen längsten Tag (beziehungsweise die kürzeste Nacht) feiern vor allem die Skandinavier als Sommersonnenwende. Bleibt noch der **Herbst** zu nennen und der fängt an, wenn die Sonne auf dem Weg nach Süden am 23. September wieder lotrecht über dem Äquator steht und Tag und Nacht wiederum die gleiche Länge besitzen. Jede der vier **Jahreszeiten** beginnt oder endet also entweder mit einer Tag- und Nachtgleiche oder mit einer Sonnenwende, der Richtungsumkehr der Sonne. Vor diesem Hintergrund erklärt sich auch ganz leicht, warum die **tropischen Breiten** um den Äquator keine unterscheidbaren Jahreszeiten kennen und die Tage und Nächte übers Jahr mit jeweils 12 Stunden immer gleich lang bleiben: Bezogen auf Sie ändert sich im Jahresverlauf einfach nicht genug am Winkelverhältnis zwischen Erde und Sonne, um einen Einfluß auf das Klima zu haben.

Diese Zusammenhänge haben jahrtausendelang über die Termine für Aussaat und Ernte das Leben der Menschen bestimmt und aus diesem Grund haben unsere Urururahnen sie quasi kalendarisch in diversen Steinkreisen festgehalten.

Die unterschiedliche Länge von Tag und Nacht

Zusätzlich zu ihrer Bewegung um die Sonne dreht sich die Erde gegen den Uhrzeigersinn um sich selbst, so viel ist klar. Diesem Umstand verdanken wir den Wechsel zwischen Tag und Nacht, weil immer nur ein Teil der Erdoberfläche in den Genuß der Sonnenstrahlen kommt, und die Tatsache, daß die Objekte am Himmel im Osten auf- und im Westen untergehen. Wie aber ergeben sich die wohlig langen Tage des Sommers und die fiesen kurzen im Winter, wo doch die Umdrehungsgeschwindigkeit der Erde das Jahr hindurch konstant bleibt? Und warum verschieben sich die Auf- und Untergangspunkte der Sonne durch die Jahreszeiten, so daß der alte Spruch *„Im Osten geht die Sonne auf, nach Süden nimmt sie ihren Lauf, im Westen wird sie untergehn´, im Norden ist sie nie zu sehn´"* eigentlich an nur zwei Tagen im Jahr Gültigkeit besitzt?

Zwei wichtige Fragen, die es erfordern einen intensiven Blick auf diese Thematik zu werfen und Sicherheit für die Aufnahmeplanung eines begehrten Motivs zu gewinnen.

Erde und Sonne –
Die Beziehungen zu unserer Lichtspenderin

Die Zeit und Richtung, aus der das Licht einfällt, entscheidet schließlich maßgeblich über die Bildwirkung.

Genau wie die Entstehung der Jahreszeiten, erklären sich beide Sachverhalte aus dem Zusammenspiel der scheinbaren Bewegung der Sonne (scheinbar, weil sie ja in Wirklichkeit unbeweglich im Raum steht) und der tatsächlichen Bewegung unserer Erde. Im Zuge der Himmelsrotation bewegt sich die Sonne auf einer Bahn, die auf einem Globus einem Kreis konstanter geographischer Breite entspricht. Aufgrund der Schrägstellung der Erdachse ändern sich über den Umlauf der Erde um die Sonne die Stellungen der beiden Hemisphären zu unserem Lichtspender, sie sind ihr mal mehr zu- und mal mehr abgewandt. Die Position der Sonne aber ändert sich nicht, und deswegen beschreibt sie die auf und ab tanzende Linie der Ekliptik.

Die Ekliptik ist um 23,5° gegen den Himmelsäquator geneigt und liegt in Folge dessen mit je einer Hälfte über (nördlich) und mit der anderen unter (südlich) seiner Ebene. Die Punkte, die jene Hälfte markieren und in denen die Ekliptik den Himmelsäquator schneidet, liegen in exakt west-östlicher Richtung und werden als Frühlings- und Herbstpunkt bezeichnet. Beide sind für unsere Betrachtung relevant, denn wenn die Sonne am 21. März im Frühlingspunkt steht (bezogen auf die Erde steht sie dann senkrecht über dem Äquator) sind Tag und Nacht mit jeweils 12 Stunden gleich lang und sie geht exakt im Westen auf und im Osten unter. Nach dieser Tagundnachtgleiche wandert die Sonne entlang dem nördlich des Himmelsäquator gelegenen Teil der Ekliptik und geht folgerichtig nördlich der exakten West-Ost Richtung auf und unter. Dies ist bis zur Sommersonnenwende am 21. Juni der Fall, zu der die Sonne den nördlichsten Punkt der Ekliptik, den Sommerpunkt, erreicht hat und der Tag am längsten beziehungsweise die Nacht am kürzesten ist. In unserem irdischen Koordinatensystem steht die nun senkrecht über dem nördlichen Wendekreis. Nach dem Durchschreiten dieser Position folgt die Sonne der Ekliptik zurück nach Süden. Die Tage werden nun wieder kürzer bis die Sonne im Gegenpart des Frühlingspunkts, dem Herbstpunkt, und damit wiederum senkrecht über unserem Äquator steht. Dies ist am 21. September der Fall, dem Datum der herbstlichen Tagundnachtgleiche. Von nun an sind die Tage kürzer als die Nächte, weil sich die Sonne auf dem südlich des Himmelsäquators gelegenen Teil der Ekliptik bewegt.

Die unterschiedliche Länge von Tag und Nacht

Das Extrem des kürzesten Tages und der längsten Nacht ist zur Wintersonnenwende am 21. Dezember, dem Winterpunkt, erreicht. Danach folgt sie der Ekliptik wieder nach Norden und die Tage werden länger, bis der Frühlingspunkt erneut erreicht ist und der Lauf der Jahreszeiten auf Neue beginnt.

Alles hängt also davon ab, daß im Sommer ein größerer Teil der scheinbaren Sonnenbahn über unserem Horizont zu liegen kommt als im Winter. Das extremste Beispiel dafür sind Polarsommer und Polarwinter, wenn die Sonne über den Polarkreisen nicht auf- oder untergeht. Beachten Sie dazu in Abb. 21 auf S. 38 die scheinbare Sonnenbahn für 66,5° nördlicher Breite, den Nordpolarkreis. Zur Zeit der Wintersonnenwende überschreitet die scheinbare Bahn der Sonne die Horizontebene dort nie, geht also nicht auf, während sie zur Sommersonnenwende vollständig über ihr verläuft und so in dieser Zeit nicht untergeht.

Praktisch können Sie dies alles ganz einfach nachvollziehen. Nehmen Sie ein Blatt Papier zur Hand und ziehen Sie in der Mitte eine gerade Linie. Nun greifen Sie zu einem Glas, möglichst einem mit einer großen Öffnung, wie sie für *„Berliner Weiße"* typisch sind, und stellen es mit einer Hälfte dieses Durchmessers auf die Linie. Dies entspricht der Position der Sonne im Frühjahr und im Herbst, wenn sie genau auf dem Himmelsäquator steht und eine Hälfte ihres täglichen Kreises über dem Horizont liegt und die andere darunter. Tag und Nacht sind nun gleich lang. Jetzt verschieben Sie das Glas aus dieser Mittelstellung um $1/3$ nach oben. Übertragen auf die realen Verhältnisse im Raum, neigt die Erde der Sonne nun wie zum Sommeranfang ihre Nordhalbkugel zu. Die Sonne steht also weiter nördlich am Himmel, es liegt mehr als eine Hälfte ihrer jetzt in einem höheren Punkt kulminierenden täglichen Bahn über dem Horizont und der Tag ist länger als die Nacht. Zurück über die Mittelstellung und ein zusätzliches Drittel der Öffnung unterhalb der Linie würde die Position zu Winteranfang simulieren, wenn genau umgekehrt für uns auf der Nordhalbkugel die Nacht länger dauert als der Tag und die scheinbare Bahn der Sonne einen niedrigeren Höchststand erreicht. Die Sonne beschreibt also im Sommer keine wirklich steilere Bahn und im Winter keine wirklich flachere, denn der Winkel der Bahnebene zur Horizontalebene bleibt für einen gegebenen Ort immer gleich und nur der von unserer jeweiligen Position aus

Erde und Sonne –
Die Beziehungen zu unserer Lichtspenderin

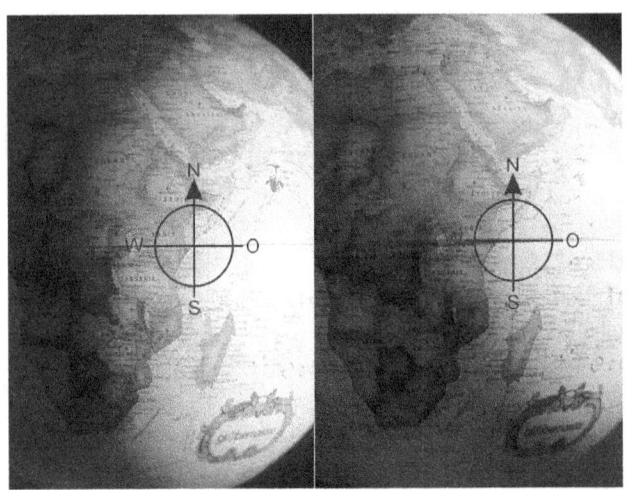

Abb. 13: Jahreszeiten und Tageslämgen
Das linke Bild simuliert das Winterhabjahr in dem der Nordpol weitgehend im Dunkeln bleibt und die Südhalbkugel mit längeren Tagen profitiert. Das Bild rechts steht für das Sommerhalbjahr und den umgekehrten Fall.

pol mal Licht abbekommt und der Südpol im Dunkeln bleibt? Wie sich dies Verhältnis umkehrt und wie das Licht in der 3. Stellung gleichmäßig über die Kugel verteilt ist? – Genauso ist es auch im großen Maßstab der Realität (siehe Abb. 13).

sichtbare Teil ihres Kreises verändert sich. Die Wanderung der Sonnenauf- und -untergangspunkte ist demzufolge nur das folgerichtige Symptom dieser Vorgänge.

Noch nicht überzeugt von der blanken Theorie? Nehmen Sie sich einen Moment Zeit und stellen Sie ihren Globus ein paar Meter vom Sofa entfernt auf. Nun können Sie bequem beobachten, wie sich der Lichtschein des Deckenfluters in der Ecke auf seiner Oberfläche verändert, wenn Sie seine schräg stehende Achse auf sich zu, von sich weg oder parallel zu sich stellen. Sehen Sie, wie der Nord-

3 Lichtphänomene in der Atmosphäre

Inhalt

Streuungsphänomene
    Gleichmäßige Streuung des Lichts zu nahezu weiß –
     Die Mie-Streuung und der Dunst
    Ungleichmäßige Streuung des Lichts zu (nahezu) einer einzelnen Farbe –
     Die Rayleigh-Streuung und das Himmelsblau
Sonderfall niedriger Sonnenstand –
 Die kombinierte Streuung des Lichts bringt die stärksten Farben
    Die Dämmerungsphänomene
Brechungsphänomene
    Atmosphärische Refraktion – Die Sterne stehen tiefer als wir denken
    Regenbögen – Das ganze Spektrum der Farben

Lichtphänomene in der Atmosphäre

Streuungsphänomene

Ein Prozeß ist für die Entstehung der Himmelsfarben besonders wichtig: die **Streuung des Lichts** an den verschiedenen Partikeln in der Atmosphäre. Durch diesen mal über alle Wellenlängen gleichmäßig wirkenden, mal einzelne Bereiche des Spektrums bevorzugenden Vorgang wird ein mehr oder weniger großer Teil der in einem Lichtstrahl enthaltenen Wellenlängen in eine andere Richtung geleitet als der ursprüngliche Strahl. Die Verteilung des Lichts hängt dabei im Wesentlichen von dem Verhältnis zwischen der Partikelgröße und der Wellenlänge des einfallenden Lichts ab. Daran gemessen können wir in der Hauptsache die folgenden zwei Streuungsarten unterscheiden.

Gleichmäßige Streuung des Lichts zu nahezu weiß – Die Mie-Streuung und der Dunst

Dunst ist für uns Photographen ein fieser Gegner, denn er beraubt Himmel und Landschaft beinahe aller Farben, er dunkelt die niedrig stehende Sonne spürbar ab – in extremen Fällen meint man, unser Lichtspender sei schon eine Stunde vor seiner Zeit untergegangen – er läßt die Konturen verschwimmen, so daß sich Vorder- und Hintergrund nicht mehr recht trennen und es sowohl unserer Wahrnehmung als auch unseren Aufnahmen an Tiefenwirkung mangelt und nicht zuletzt dämpft der Dunst oft auch ganz allgemein unsere Stimmung.

Aber haben Sie schon einmal die Prospekte der namenhaften Photozubehör-Hersteller durchgeblättert und darin einen Filter entdeckt, der versprach Ihre Aufnahmen von dem häufig vorkommenden milchigweißen Nachmittagsdunst zu befreien? Nein? Geht auch mit technischen Finessen nicht. Ein Blick auf die hinter dem alles erstickenden Dunst stehenden physikalischen Vorgänge macht schnell deutlich, warum nicht.

Ganz allgemein ist **Dunst** eine Trübung der Erdatmosphäre, die zur Minderung der Sicht auf fünf bis acht Kilometer oder weniger, jedoch nicht unter einen Kilometer führt und man differenziert ihn in „**feucht**" (hervorgerufen durch Wasserdampf in der Luft, englisch *mist*) und „**trocken**" (hervorgerufen durch feste Teilchen in der Luft wie Rußpartikel oder Rauch, Pollen, Wassertröpfchen, Salzkristalle, Stäube von der Erdoberfläche, Kohlenstoff, Pflanzenteilchen und vor allem Aerosole, englisch *haze*). Bei Sichtweiten von weniger als einem Kilometer sprechen wir von Nebel.

Streuungsphänomene
Gleichmäßige (Mie-) Streuung zu weiß

Aerosole sind Mischungen aus mindestens zwei Stoffen, die sich nicht oder kaum ineinander lösen oder miteinander verbinden. Meist handelt es sich um Gemenge aus einer Flüssigkeit und einem darin fein verteilten Feststoff in einem Gas, oft in Luft. Ihr Größenspektrum reicht von einigen Nanometern bis in den Bereich weniger Millimeter Durchmesser. Aerosole finden sich in der Atmosphäre als Mischungen von beispielsweise Pollen, Bakterien, Sporen, Staub, Rauch, Seesalz oder Asche und Wassertröpfchen. Vulkanausbrüche können natürliche Aerosolmengen in Größenordnungen freisetzen, die das Wetter im globalen Maßstab beeinflussen.

80 % relative Luftfeuchtigkeit sind die Grenze in der Unterscheidung der beiden Dunstarten. Wird dieser Wert überschritten, so weist die Luft genug eigentlich unsichtbaren **Wasserdampf** (der gasförmige Zustand des Wassers, in der sich die Moleküle schnell genug bewegen, um voneinander getrennt zu bleiben) auf, um die Sicht zu mindern und wir sprechen vom **feuchten Dunst**. In unseren mitteleuropäischen Breiten ist das aber vergleichsweise selten der Fall und deswegen haben wir es auch viel häufiger mit **trockenem Dunst** zu tun, der vor allem über den Landmassen durch luftaustauscharme Hochdruckwetterlagen begünstigt wird. Bei solchen Inversionswetterlagen können sich im Verlauf mehrerer Tage so viele Schwebeteilchen und Aerosole in der Atmosphäre sammeln, daß der Extremfall Smog entsteht.

Die häufigsten Wetterlagen zeichnen sich dadurch aus, daß die warme Luft von der Erdoberfläche aufsteigt und sich dabei abkühlt. Bei einer In-

Das Licht der Sonne, das wir auf der Erde wahrnehmen, nennen wir Sonnenlicht. Tageslicht aber ist die Mischung aus Sonnenlicht, dem in der Atmosphäre gestreuten Himmelslicht und dem von der Oberfläche reflektierten Licht.

versionswetterlage ist dieses Verhältnis umgekehrt, kalte Luft unten und warme oben also. Kalt ist aber schwerer als warm, hat nicht das Bestreben aufzusteigen, und so fehlt der für die Durchmischung der Luftschichten nötige Wind. Die Folge: In der kalten Schicht stauen sich die den Dunst verursachenden Schadstoffe und Partikel. Inversionswetterlagen entstehen bevorzugt im Herbst und Winter, wenn die Sonne es nicht mehr schafft, die bodennahe Schicht zu erwärmen.

Vor allem über den heftig industrialisierten Gegenden Nordamerikas, Europas und Asiens spielt während

Lichtphänomene in der Atmosphäre

der heißen Sommermonate aber auch das von Kohlekraftwerken freigesetzte Schwefelsulfat eine wichtige Rolle bei der Bildung von Dunst. In der Atmosphäre mischen sich die Sulfatpartikel mit kondensiertem Wasserdampf zu dunstverursachenden Aerosolmengen.

Aus dieser Liste ziehen wir die Erkenntnis, daß der Dunst sowohl auf natürlichen als auch seit dem letzten Jahrhundert verstärkt vom Menschen heraufbeschworenen Ursachen beruht.

Nun haben wir geklärt, welche Teilchen zum Entstehen von Dunst vorhanden sein müssen, fehlt also noch ihr Beitrag zur Lichtstreuung. Den liefern die Berechnungen des deutschen Physikers **Gustav Mie** aus dem Jahr 1908. Der nach ihm benannten Theorie zufolge streuen regelmäßig geformte Teilchen, deren Durchmesser größer ist als der Wellenlängenbereich des sichtbaren Lichts (400 bis 700 nm), die einfallende Strahlung mit zunehmender Größe immer mehr nur nach vorn und immer gleichmäßiger über das Gesamtspektrum. „Nach vorn" bedeutet in diesem Fall entgegen der Richtung, aus der das Licht einfällt und „gleichmäßig", daß kein Wellenlängenbereich bevorzugt wird und sich alle Farben zu einem mehr oder weniger deutlichen Weiß ergänzen.

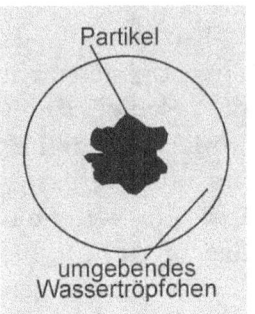

Abb. 14: Ein Aerosol besteht aus einem festen Partikel im Kern und einem diesen umgebenden feinen Wassertröpfchen.

Deswegen erscheint uns der Himmel, wenn wir ihn als dunstig bezeichnen, als eher hell und milchig weiß.

Weil die Streuung so gleichmäßig erfolgt, besitzen wir nicht viele Mittel, um den Dunst in einer Aufnahme zu unterdrücken. Ein **UV-Filter** hilft, die eine leichte Unschärfe verursachende UV-Strahlung auszuschalten, weil die Dunstpartikel die kürzeren Wellenlängen am stärksten streuen und der ultraviolette Bereich deswegen am stärksten betroffen ist. Der **Polarisationsfilter** kann die Bildqualität bei leichtem Dunst verbessern, indem er das einigermaßen gleichmäßig polarisierte gestreute Licht beseitigt. Und zu guter Letzt können wir den **Aufnahmestandort** so wählen, daß der Blick von der Sonne und damit der Hauptstreurichtung weg gerichtet ist.

Glücklicherweise hält die Atmosphäre einige Mechanismen bereit, um sich nach einer Weile selbst von den Dunstpartikeln zu befreien. Zunächst ist da die Schwerkraft, die die größeren und schwereren Störenfriede dazu zwingt, sich nach unten abzusetzen. Die kleineren und leichteren Stoffe werden dann entweder durch Turbulenzen verursachende aufsteigende Luftmassen in höhere Luftschichten befördert oder in einem alles reinigenden Gewitter ausgewaschen. Letzteres setzt aber erstmal eine gehörige Menge aufsteigenden und kondensierenden Wasserdampf voraus.

Mit der **Bewölkung** und dem **Nebel** finden wir am Himmel und auf der Erde noch weitere weiße Flecken, die der Mie-Streuung Vorschub leisten. Vom Dunst unterscheiden sich beide physikalisch dadurch, daß sie aus Wassertröpfchen, also kondensiertem Wasserdampf, oder Eisteilchen bestehen. Mit einem mittleren Durchmesser von rund 20 µm genügen beide Mies' theoretischen Vorgaben und streuen das einfallende sichtbare Licht zu einem stärkeren und gleichmäßigeren Weiß als die kleineren Wasserdampfmoleküle. Aber Physik ist nicht immer was für die Praxis und in der sind Dunst und Nebel aber auch Dunst und tiefliegende Bewölkung nicht unbedingt immer gut voneinander zu unterscheiden. Eine Hilfestellung dazu mögen die bereits angegebenen Sichtweiten sein. Dunst gestattet uns immer, zumindest noch ein Stück weit zu sehen, während

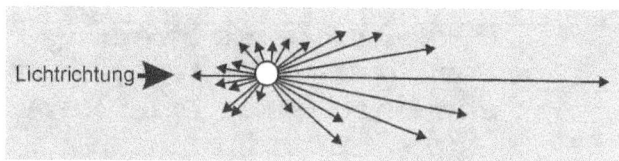

Abb. 15: Mie-Streuung
Große Partikel, wie Wassertröpfchen oder Rußteilchen, streuen das Licht nicht symmetrisch. Ihr Maximum liegt in der nach vorn gewandten Streuung.

wir vom Nebel oft eingeschlossen sind und sich die niedrige Bewölkung irgendwo am Horizont tummelt. Die Farben sind eine zweite Richtschnur. Bei Wolken und Nebel reichen sie, je nach Intensität der Sonneneinstrahlung, von einem reinen Weiß bis zu einem verwaschenen Grau. Dunst ist dagegen eher milchig weiß oder trüb.

Aber „gleichmäßig" und „weiß" sind langweilige Begriffe und nicht die Zutaten, die wir für ein spannendes Bild brauchen. Dafür sind Gegensätze und Farben angesagt. Mit dem Himmelsblau liefert uns die schillernde Schwester der Mie-Streuung zumindest einen wichtigen Baustein.

Lichtphänomene in der Atmosphäre

Ungleichmäßige Streuung des Lichts zu (nahezu) einer einzelnen Farbe – Die Rayleigh-Streuung und das Himmelsblau

Ohne diese zweite Form der Lichtstreuung würde der Himmel über uns bleich und fahl sein, egal wie strahlend der Tag auch wäre. Woher das Blau kommt, stellte der Brite *John William Strutt* (später der 3. **Lord Rayleigh** und Nobelpreisträger für seine Studien der atmosphärischen Gase) bei seinen Forschungen zur Lichtstreuung an Partikeln gegen Ende des 19. Jahrhunderts fest. Seine grundlegenden Arbeiten zur Mathematik dieser Vorgänge brachten den Beweis unserer vorangestellten These, daß es Partikel braucht deren Durchmesser kleiner ist als die Wellenlänge des Lichts, um diese symmetrisch zu streuen. Auf der Suche nach solchen Teilchen wurde er bei den **Luftmolekülen** fündig, von deren Größe er eine direkte Beziehung zum Spektrum ableiten konnte.

Aus seinen Berechnungen ergibt sich, daß die Möglichkeit der Streuung eines Photons an einem Luftmolekül umgekehrt proportional zur vierten Potenz der Wellenlänge ist. Aber so was verstehen nur Mathematiker. Für normale Menschen übersetzt bedeutet es, daß Licht kürzerer Wellenlänge stärker gestreut wird als solches von längerer, der blaue Teil des Spektrums mit einer Wellenlänge von 450 nm circa 3,2 mal stärker als der rote mit 600 nm. Das nennen wir kurz **Rayleigh-Streuung**. Mit dem Blick in den Himmel sehen wir also mehr gestreute Anteile des kurzen blauen Spektrums als des langwelligen roten und deshalb erscheint uns die Sphäre über dem Kopf blau.

Der zweite, genauere Blick läßt aber eine in **Farbton**, **Sättigung** und **Helligkeit** beileibe nicht gleichmäßige Himmelsfarbe erkennen. Ganz im Gegenteil ist die Anzahl der Schattierungen beinahe unendlich groß und verändert sich über den Tag beständig. Die Erklärung dafür hört sich gewöhnungsbedürftig an, denn die Farbe des Himmels hängt nicht etwa von der Entfernung ab, sondern von der Anzahl der Luftmoleküle in der Sichtlinie: Je mehr Moleküle dort vorhanden sind, desto heller der Himmel, weil an mehr Molekülen mehr Licht gestreut wird.

Mit der **Luftmasse (LM**, siehe Abb. 18) bietet uns die Wissenschaft auch ein Maß für die Molekülanzahl. 1 LM beschreibt die Luftmenge in senkrechter Blickrichtung über einem in Meereshöhe befindlichen Beobachter. Praktisch ausgedrückt 1 kg Luft pro cm^2. Mit größeren Winkeln nimmt die Luftmasse zu, auf Meereshöhe passiert das Licht bis zum Horizont beispielsweise rund 38 Luftmassen. An der

Streuungsphänomene
Ungleichmäßige (Rayleigh-) Streuung zu einer Farbe

in dieser dicken Schicht enthaltenen großen Menge Luftmoleküle werden nun nicht nur die kurzen Wellenlängen des einfallenden Lichts ein- oder zweimal gestreut, sondern nach und nach alle Bereiche des Spektrums mehrfach. Und da nur sehr wenig durch Absorption verloren geht, ist der Horizont von derselben Farbe, wie die Mittagssonne – weiß. Abb. 19 zeigt diesen typischen Verlauf von Weiß über verschiedene Blaustufen bis zu dem dunklen Bereich rund um den Zenit. Jedoch nehmen wir das Weiß nicht immer wahr, denn die Reflexionen der darunter liegenden Landschaft können es überlagern. Der Wasserspiegel des Ozeans dunkelt es beispielsweise ab und das pastorale Grün weiter landwirtschaftlicher Flächen verleiht ihm eine ebensolche Tönung.

Aber auch umgekehrt wird ein Schuh daraus, denn in 3000, 4000 oder 5000 m Höhe ist der Himmel von einem sehr viel dunkleren Blau als in der Ebene, weil die Luftschicht immer dünner und die zur Streuung geeignete Zahl der Moleküle immer geringer wird. Und Aufnahmen aus dem Weltraum zeigen sogar einen beinahe schwarzen Himmel, weil keine zur Streuung geeigneten Luftmoleküle mehr vorhanden sind. Diesem dunkelblauen Hochgebirgshimmel ist photographisch nicht beizukommen, denn

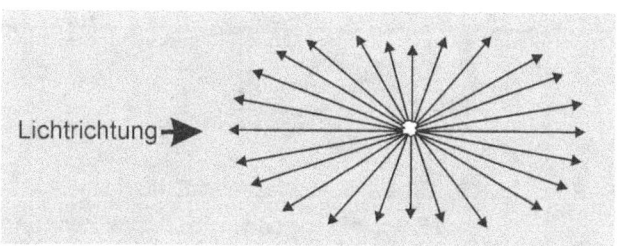

Abb. 16: Rayleigh-Streuung
Die viel kleineren Luftmoleküle weisen ein in der Richtung annähernd symmetrisches Steuungsverhalten auf.

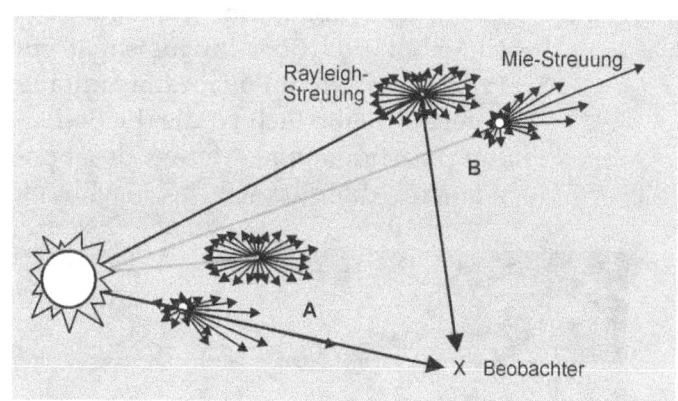

Abb. 17: Mie- und Rayleigh-Streuung
Fall A - Wenn die aufsteigenden Luftmassen einiger heißer Tage große Partikelmengen in die Atmosphäre befördert haben, überwiegt die nach vorn gerichtete Mie-Streuung und produziert einen weißen Schleier über dem Horizont. Deswegen erscheint der Himmel dann auf der jeweils sonnenzugewandten Seite wesentlich heller als in der entgegensetzten Richtung.
Fall B - Da die Mie-Streuung das Licht bevorzugt nach vorn streut, überwiegt über unseren Köpfen die Rayleigh-Streuung und läßt uns einen blauen Himmel sehen.

Lichtphänomene in der Atmosphäre

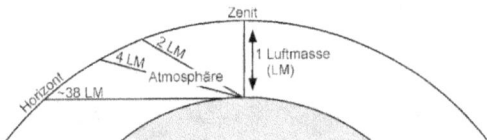

Abb. 18: Die verschiedenen Entfernungen zwischen Erdoberfläche und Horizont bzw. Zenit und die daraus resultiere Menge der Ludtmassen

er beruht auf einem per Filter nicht korrigierbarem Mangel an Streuung. In extremen Höhenlagen kann sich aus dem Verhältnis zwischen dem recht dunklen Himmel und der ausgiebig von der Sonne beschienenen Umgebung darüber hinaus sogar ein Problem mit dem Belichtungsumfang ergeben. Schließlich ist die die Belichtung bestimmende Menge des Sonnenlichts dieselbe wie im Flachland.

Abb. 19: Der Farbverlauf von weiß am Horizont hin zum immer dunkleren Blau weiter oben am Himmel über dem Monument Valley

In solchen Fällen ist aufnahmeseitig der Einsatz eines Grauverlauffilters angesagt, um den Vordergrund etwas „zurückzuhalten". Aber auch das Nachbelichten und Abwedeln, beziehungsweise deren digitale Äquivalente, können den Kontrast bei der Bildbearbeitung zu Hause mildern helfen. Von all dem unbenommen gilt es im Hochgebirge natürlich immer den hohen UV-Anteil auszuschalten.

Die mit der Luftmassendicke zunehmende Streuung erklärt also, daß der Taghimmel am Horizont sehr viel heller ist, als in der senkrechten Linie über unserem Kopf. Für uns Photographen ist das **Himmelsblau** jedoch noch auf andere Art von Bedeutung. Als sogenanntes **Luftlicht** (siehe Abb. 20) erschwert es uns vor allem bei hohem Sonnenstand die Arbeit. Denn da sich die für die Streuung des Sonnenlichts verantwortlichen Luftmoleküle nicht nur über unserem Kopf, sondern auch zwischen uns und diagonal oder horizontal entfernten Objekten befinden, tun sie natürlich auch dort ihre Arbeit. Wie gut sie dabei sind, hängt wieder von der in Relation zur Objektentfernung stehenden Mächtigkeit der Luftschicht ab. Und ganz so, wie der Himmel blau ist, ist auch echtes Luftlicht bläulich, ja beinahe ätherisch blau.

Streuungsphänomene
Ungleichmäßige (Rayleigh-) Streuung zu einer Farbe

Bezogen auf einen in mittlerer Entfernung gelegenen Bergzug erklärt sich so dessen vor allem in der Mittagszeit ausgeprägte Blaufärbung und überdurchschnittliche Helligkeit – je weiter entfernt, umso mehr Licht wird gestreut und umso heller das Objekt. Liegt der Berg in sehr großer Entfernung, kann die Atmosphäre durch die mehrfache Streuung des Lichts so trüb und undurchsichtig werden, daß das von ihm reflektierte Licht ausgestreut und durch Luftlicht ersetzt wird – der Berg wird aufgrund des damit einhergehenden sehr geringen Kontrasts unsichtbar. Damit sind der Fernsicht physikalische Grenzen gesetzt. Mit den zum Beispiel in einem Waldstück blau zulaufenden Schattenbereichen macht sich das Luftlicht aber auch im Nahbereich störend bemerkbar.

Besonders gut sichtbar ist das **Luftlicht** zwischen einer Anzahl hintereinanderstehender Höhenzüge. Während der Dämmerung tritt es in deren nicht überlappenden Bereichen als dünner heller Schleier zutage. Den Farbwechsel von Blau zu beinahe Weiß gaukelt uns unser visuelles System vor, denn das Luftlicht besitzt im beschriebenen Fall die größte Helligkeit, weswegen ihm der Wert weiß zugewiesen wird.

Unsere in Maßen wirksamen photographischen Gegenmittel sind

Abb. 20: Das Luftlicht zwischen den Höhenzügen der Blue Ridge Mountains / North Carolina

ein wirksamer **UV-Filter** sowie ein Warmtonfilter wie der **KR-6**, um den Blauüberschuß auszugleichen. Viel besser aber ist es, den niedrigeren Sonnenstand am Morgen oder Nachmittag abzupassen. Er mindert das Luftlicht nachhaltig, weil die Sonne dann, wie der folgende Abschnitt erklärt, einen geringeren Teil des zur Streuung geeigneten kurzwelligen blauen Spektrums anlandet. Daß wir in diesen Momenten schärfer zu sehen meinen, liegt also an dem durch die geringere Streuung verursachten höheren Kontrast.

Lichtphänomene in der Atmosphäre

Sonderfall niedriger Sonnenstand – Die kombinierte Streuung des Lichts bringt die stärksten Farben

Grundsätzlich ist die **Lichtstreuung** auch für die Farbveränderung der besonders tiefstehenden Sonne von Weiß über Gelb hin zu Orange und Rot verantwortlich. Mit dem niedrigen Sonnenstand nahe oder knapp unter dem Hori-

Der Horizont ist der Kreis um einen beliebigen Beobachter, dessen Ebene sich senkrecht zum jeweiligen Standort verhält und der die sichtbare Erde vom Himmel abzugrenzen scheint. Als Anhaltspunkte mögen folgende Aussichtsweiten gelten: 27 km bei 50 m Höhe, 38 km bei 100 m Höhe und 120 km bei 1000 m Höhe.

zont muss das Licht, verglichen mit einer Position im Zenit, einen längeren Weg bis zum Betrachter zurücklegen und eine größere Anzahl Luftmassen durchqueren. Ein langer Weg beinhaltet aber immer ein größeres Risiko als ein kurzer. In diesem Fall läuft ein großer Teil des kurzwelligen blauen Spektrums Gefahr an den Luftmolekülen gestreut zu werden. Hinzu kommt das ebenfalls in diesem Wellenlängenbereich wirksame große **Absorptionsvermögen** (die Energieumwandlung bestimmter Wellenlängenbereiche in Wärmestrahlung) des Ozons.

Aber neben den Molekülen spielen hier auch die nächst größeren Bestandteile der Atmosphäre, die **Partikel**, eine Rolle. Wind und aufsteigende heiße Luft bringen Staubteilchen, Erde, Sand, Asche und Meersalz in die höheren Luftschichten, zu denen sich auch noch eine Portion Wasserdampf gesellt. Mit einem Durchmesser von weniger als 100 nm liegen sie in den Größenverhältnissen zwischen den Molekülen und den für die Mie-Streuung verantwortlichen Teilchen, üben den größten Einfluß auf die Streuung des kurzwelligen blau-grünen Spektrums aus und verschieben die Farbe der Sonne noch ein Stück weiter hin zu Gelb und Rot.

Das nun aber nicht jeder Sonnenuntergang gleich rot ausfällt liegt zum einen daran, daß die Kühle des Abends und der dann häufig aufkommende Wind die Atmosphäre ein wenig reinigen und während der

Niedriger Sonnenstand und kombinierte Streuung

Abb. 22: Die Farbveränderung der untergehenden Sonne von nahezu Weiß zu Orange in einer Langzeitbelichtung.

Tonnen Asche und anderes Material in die Atmosphäre, die die Lichtstreuung der kürzeren Wellenlängen am Morgen und Abend zunächst in Richtung stärkerer, klarerer Rot- und Orangetöne aus unserer Sicht positiv beeinflußten. Nach einigen Monaten hatten sich die dafür verantwortlichen größeren Partikel aber zur Erde abgesetzt und die in der Atmosphäre verbliebenen Schwefelsäure Moleküle mit Wassertröpfchen zu Aerosolen verbunden. Diese mächtigen stratosphärischen Schichten begünstigten nun wiederum die Mie-Streuung, also das gleichmäßige Weiß, und ebneten

Tagstunden nicht immer gleichmäßig viele Dunstpartikel den Weg über den thermischen Fahrstuhl in die Höhe schaffen. Zum anderen spielt aber auch die Gesamtmenge der vorhandenen Partikel, namentlich der Aerosole, eine große Rolle. Diese wiederum wird, wie schon gelesen, durch künstliche Emissionen aus Kraftwerken und den Stoffauswurf von Vulkanausbrüchen bestimmt. Die Ausbrüche des Krakatau 1883 und des Pinatubo 1991 beförderten beispielsweise Millionen

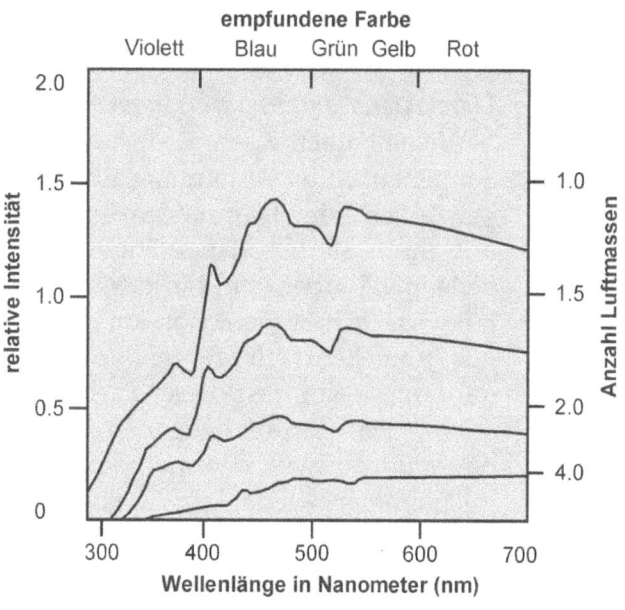

Abb. 21: Sonnenfarbe und -höhe (1)

Lichtphänomene in der Atmosphäre

die zuvor gesehenen reichen Farben des Sonnenauf- und -untergangs auf Jahre hinaus und beinahe weltweit ein. Statt im direkten Licht zu leuchten, lagen die Landschaften nun unter einer diffusen, weil mehrfach gestreuten, Beleuchtung. – Kein Anreiz mehr, um für das frühmorgendliche Alpenglühen und den Sonnenaufgang aufzustehen. Unter solchen Bedingungen bringt es mehr Erfolg sich auf Motive zu konzentrieren, die von diesem gleichmäßigen, ebenen Licht profitieren, Makrostudien von Blumen und Blüten, Wiesen oder die gedeckten Töne einer Bachlandschaft zum Beispiel.

Die Dämmerungsphänomene

Visuell noch spannender als den Sonnenauf- oder -untergang finde ich persönlich die **Dämmerungsphasen** mit ihren sanften Übergängen vom hellen Gelb über ein kräftiges Orange hin zum schwachen Rot am Abend oder umgekehrt am Morgen. Vor allem der famose Kontrast dieser Farbwechsel zu dem darüberliegenden blauen oder purpurnen Himmel fasziniert mich immer wieder aufs Neue. Wie und wann entstehen die spektakulären Farbenspiele aber genau? Beginnen wir zunächst damit, den Begriff zu bestimmen.

„Dämmerung" meint jene Momente, in denen die Sonne vor ihrem Aufgang beziehungsweise nach ihrem Untergang unter dem Horizont steht, aber trotzdem schon oder noch zur Beleuchtung des Himmels und zu einem kleinen Teil auch der Landschaft beiträgt. Astronomisch gesehen definiert sich die Dämmerung denn auch als der Zeitraum, den die Sonne braucht, um am Abend ihre Position von 0° (Sonnenuntergang) auf einen Winkel von -18° unter dem Horizont zu verringern beziehungsweise am Morgen zu erhöhen. Aber diese Zeitspanne ist wohl zu lang, um sie einfach so hinzunehmen. Deswegen unterteilt man sie in der Regel und nennt den Winkelbereich zwischen 0° und -6° **bürgerliche Dämmerung**, den zwischen -6° und -12° **nautische Dämmerung** und den von -12° bis -18° **astronomische Dämmerung**. Die Unterschiede zwischen diesen Phasen lernen wir gleich genauer kennen.

Doch die Definition ist nur ein Teil. Für wichtiger halte ich, daß die Länge der Dämmerung sowohl mit der geographischen Breite als auch mit dem Jahresverlauf schwankt. Je nach Position des Beobachters und Jahreszeit kann sie in weniger als einer Stunde vorüber sein oder die ganze Nacht dauern. Nur in den tropischen Gefilden rund um den Äquator hält

Die Dämmerungsphänomene

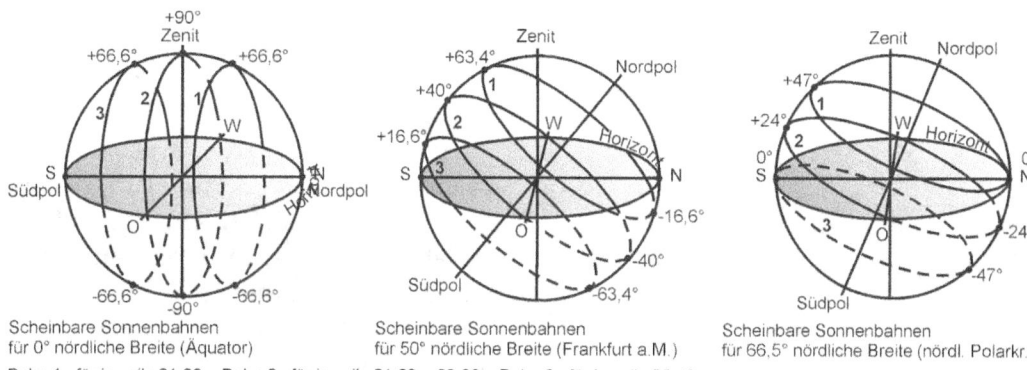

Scheinbare Sonnenbahnen für 0° nördliche Breite (Äquator)
Scheinbare Sonnenbahnen für 50° nördliche Breite (Frankfurt a.M.)
Scheinbare Sonnenbahnen für 66,5° nördliche Breite (nördl. Polarkr.)
Bahn 1 : für jeweils 21.06. Bahn 2 : für jeweils 21.03 + 23.09. Bahn 3 : für jeweils 22.12.

Abb. 23: Scheinbare Sonnenbahn

sie aufgrund der dort übers Jahr relativ konstanten Winkelverhältnisse zwischen Erde und Sonne mit einer guten Stunde beinahe immer gleich lang an.

Der Grund für die Abweichungen in der Dämmerungslänge liegt hauptsächlich in der Stellung der scheinbaren Sonnenbahn zum jeweiligen Breitenkreis. Nahe dem Äquator steht die Bahn nahezu senkrecht zur Horizontebene und die Sonne nimmt in Bezug auf ihren Höhenwinkel einen relativ kurzen Weg, geht also steil auf und unter. Je weiter man sich aber nach Norden oder Süden vom Äquator entfernt, umso stärker weicht die Sonnenbahn aufgrund ihres flacheren Verlaufs von diesem Ideal des kurzen Wegs ab. Und auf einer flachen Bahn braucht die Sonne einfach länger, um einen bestimmten Winkel über oder,

wie in unserem Fall, unter dem Horizont zu erreichen als auf einer steilen. Abb. 23 zeigt dies deutlich, wenn wir die scheinbaren Sonnenbahnen des jeweils selben Datums für 0° und 50° nördlicher Breite miteinander vergleichen. Zur Bestätigung wollen wir auch einige berechnete Werte für die Länge der Dämmerung vergleichen: 30° nördlicher Breite 80 Minu-

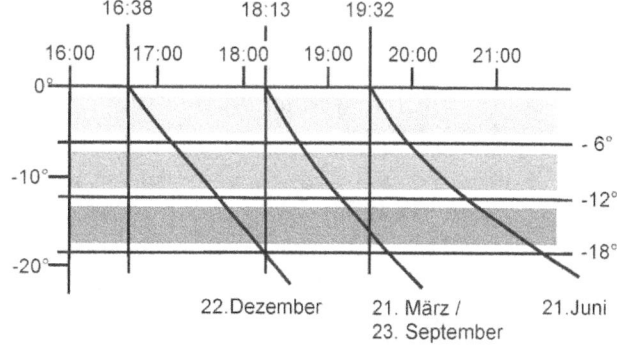

Abb. 24: Höhenwinkel der Sonne (2)

Lichtphänomene in der Atmosphäre

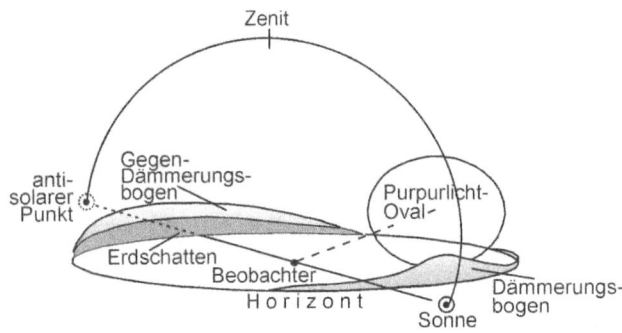

Abb. 25: Dämmerungsphänomene

ten, 40 nördlicher Breite 91 Minuten, 50° nördlicher Breite 110 Minuten, 60 nördlicher Breite 147 Minuten (jeweils für den 21.03.

Zusätzlich dazu ändert sich die Stellung der Erde gegenüber der Sonne im Jahresverlauf. Im Juni neigt sie ihr die Nordhalbkugel zu, im Dezember die Südhalbkugel. Dies wird in den unterschiedlich steil ausgeprägten Bahnen in Abb. 24 deutlich. An ihnen erkennt man, daß die Dämmerung bei 40° nördlicher Breite zur Sommersonnenwende am 21.06. mit 123 Minuten am längsten und zu den Tagundnachtgleichen am 21.03./23.09. mit je 91 Minuten am kürzesten andauert. Aufgrund der Winkelverhältnisse fällt die Wintersonnenwende am 21.12. mit einer Dämmerungslänge von 97 Minuten zwischen die beiden anderen und nicht, wie vielleicht erwartet, auf den dritten Platz. Noch was: Die Länge der Dämmerung nach Sonnenuntergang ist in jedem beschriebenen Fall identisch zu der vor Sonnenaufgang!

Abb. 25 zeigt die wesentlichen Phänomene der Dämmerung. Den Bereich, in dem sich die morgendliche und abendliche Farbenpracht entfaltet, nennen wir **Dämmerungsbogen**. Ihn können wir nicht nur anhand der Farben, sondern auch seiner räumlichen Verteilung wegen eingrenzen, denn er erstreckt sich im Winkel von 90° zu beiden Seiten der Sonne und aufgrund der dort überproportional mächtigen Luftmasse, die zur Lichtstreuung nötig ist, bis zu 30° hoch über den Horizont.

Der nachstehende „Fahrplan" veranschaulicht die wichtigsten Phänomene, die die abendliche Dämmerung zu bieten hat. Am Morgen laufen diese zwar grundsätzlich umgekehrt ab, aber zwei kleine Anmerkungen gilt es doch zu machen. Zunächst einmal sind unsere Augen in der Früh' vollständig an die vorangegangene Dunkelheit adaptiert und damit empfindlicher als am Abend. Dagegen bezieht die Abend-Dämmerung aus der oft höheren Luftfeuchtigkeit und dem mit der größeren Turbulenz der Luft einhergehenden vermehrten Staub- und Partikelanteil der Atmosphäre reichere, gesättigtere Farben und damit einen qualitativen Vorteil.

Die Dämmerungsphänomene

Alle Minutenangaben verstehen sich als Näherungswerte für die Breiten Europas und Nordamerikas, die, wie wir gesehen haben, je nach Position und Jahreszeit abweichen können.

30 Minuten vor Sonnenuntergang Höhenwinkel der Sonne +5°

Sinkt die Sonne auf eine Höhe von 5° über dem Horizont, so tritt der Dämmerungsbogen das erste Mal in Erscheinung und kündigt den bevorstehenden Sonnenuntergang mit einer deutlich sichtbaren Farbveränderung des Himmels nahe dem **westlichen Horizont** hin zu einem warmen Gelb oder Rot-Gelb an.

Zur gleichen Zeit, oft durch die größere Intensität auf der anderen Seite übersehen, ändert sich auch die Farbe des **östlichen Horizonts** und der eventuell darüberstehenden Wolken in ein schwaches Rosa.

**Sonnenuntergang,
Höhenwinkel der Sonne 0°
Beginn der bürgerlichen
Dämmerung, Abb. 28**

Nun beginnt die auch **ziviles Zwielicht** genannte Phase der Dämmerung, in der noch genügend Licht für präzise Arbeiten oder das Lesen im Freien zur Verfügung steht. In den meisten Ortschaften müssen zu dieser Zeit die Straßenlaternen eingeschaltet werden und die Rezeptoren in unseren Augen werden noch genügend stark erregt, um uns Farben wahrnehmen zu lassen.

Sinkt die Sonne unter die Horizontlinie, so verstärkt sich der gelb-rote Schein **im Westen** zu einem immensen Glühen. Zeitgleich erheben sich **im Osten** das flache bläuliche Band des **Erdschattens** und der darüberliegende zart rosafarbene **Gegendämmerungsbogen** über die Grenze zwischen Himmel und Erde.

Der **Erdschatten** ist nichts weiter als die durch die tiefstehende Sonne hervorgerufene Projektion der Erdkrümmung auf die Atmosphäre. Je höher wir uns befinden und je weiter unser Blick reicht, umso deutlicher nehmen wir ihn wahr. Weiter als bis 6° über dem Horizont können wir ihm aber normalerweise nicht mit unseren Augen folgen. Darüber hinaus hängt die Dauer seiner Sichtbarkeit vom Grad der Reinheit der Atmosphäre ab: je mehr Dunstpartikel diese enthält, umso eher entschwindet er unseren Blicken. Wenn es scheint, als sei der Erdschatten schon lange vor Sonnenuntergang sichtbar, handelt es sich in der Regel um eine reflektierende Dunstschicht. Der **Gegendämmerungsbogen** wird

Lichtphänomene in der Atmosphäre

durch das Zurückstreuen des Lichts in der sehr dichten unteren Atmosphäre hervorgerufen.

12 Minuten nach Sonnenuntergang Höhenwinkel der Sonne -2°

Mit dem Sonnenstand von -2° steigt der **Erdschatten** höher und umfängt alles in seinem Bereich mit einem dumpfen Blau-Grün. Der darüberliegende **Gegendämmerungsbogen** zeigt nun von unten nach oben einen Farbverlauf von Violett über Orange und Gelb nach Blau. In westlicher Richtung dunkelt der gelbliche **Dämmerungsbogen** bei verstärkter Intensität nun ein wenig ab.

30 Minuten nach Sonnenuntergang, Höhenwinkel der Sonne -5°, Abb. 29

Gute 30 Minuten nach ihrem Untergang steht die Sonne bei -5° und der **westliche Horizont** hat eine gelb-orangene Farbe angenommen. In einer Höhe von 45° über der Sonne breitet sich der **Dämmerungs-Hof** über einem diffus begrenzten ovalen Teil des Himmels aus. Belichtungstechnisch beachtenswert ist die Tatsache, daß das Licht hier eher in vertikaler (auf kurzer Strecke um zwei Belichtungswerte) als in horizontaler Richtung (schnell um einen Belichtungswert, der dann lange konstant bleibt) schwindet.

Unter guten Bedingungen ist in diesem Bereich des Himmels auch das sogenannte **Purpurlicht-Oval** zu sehen. Diese spektakuläre Darbietung entsteht durch die Mischung des in der Atmosphäre durch die Rayleigh-Streuung geröteten direkten Sonnenlichts mit dem indirekten, mehr blauen, Anteil der Stratosphäre. Da die Menge des zur Entstehung des letzteren Anteils nötigen Dunstes in der 20-25 km hoch gelegenen Stratosphäre schwankt, fällt das Purpurlicht mal mehr mal weniger stark aus und kann an manchen Orten sogar für Jahre unsichtbar bleiben. Im Mittel ist es im Spätsommer und im Herbst häufiger zu sehen als im Frühjahr. Tragischerweise ist es einige Monate nach einem heftigen Vulkanausbruch, wenn sich die dabei freigesetzten Schwefeldioxyd-Aerosole in den hohen Luftschichten rund um den Globus verteilt haben, am ausgeprägtesten. Seinen ganzen Bereich am Himmel zu photographieren ist schwierig, da der Kontrast zwischen dem Horizont und den ins Dunkle übergehenden Rändern sehr groß ist. Sollten Sie das Glück haben, das Purpurlicht irgendwo anzutreffen, wer-

Die Dämmerungsphänomene

den sie nicht umhinkommen einen Grauverlauffilter zu benutzen und den durchzeichnenden Bereich nach genauen Kontrastmessungen einzugrenzen.

Der **östliche Himmel** sieht nun den immer diffuser werdenden **Erdschatten** und den schwinden **Gegendämmerungsbogen**, weil die Sonne in einem Winkel zur Atmosphäre steht, in dem zu wenig Licht gestreut wird, um sie am Leben zu erhalten.

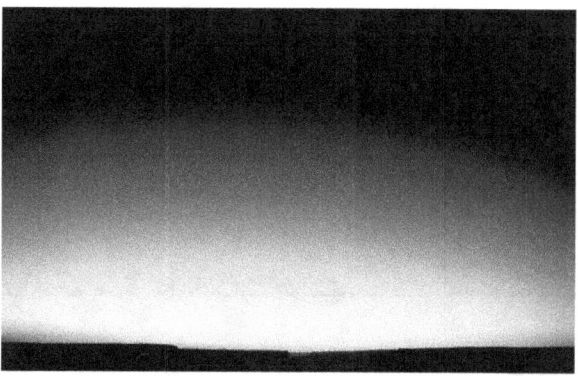

Abb. 28: Dämmerungsphänomene Sonnenuntergang

Höhenwinkel der Sonne -6°
Beginn der nautischen Dämmerung

Zu diesem Zeitpunkt beginnt das **nautische Zwielicht** mit dem der Horizont „verschwindet", das heißt nicht mehr klar vom Himmel unterschieden werden kann. Objekte auf der Erde können wir nun nur noch schemenhaft erkennen und die Farben schwinden in unserer Wahrnehmung zu einem Grau, aber dafür sind einzelne helle Sterne sichtbar.

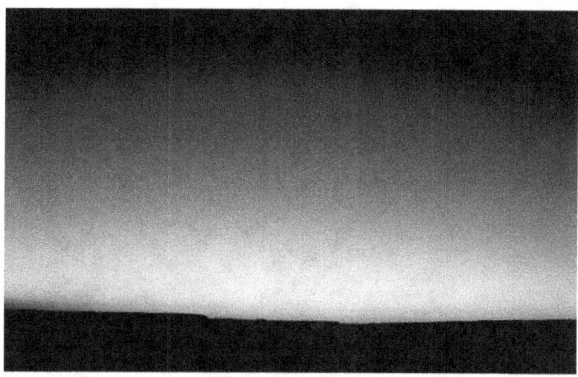

Abb. 29: Dämmerungsphänomene -5°

Sobald der Sonnenmittelpunkt rund 40 Minuten nach Sonnenuntergang eine Position von 6° unter dem **westlichen Horizont** erreicht hat, nimmt dieser eine markante orange Färbung an. Der **Dämmerungshof** und das vielleicht vorhandene **Purpurlicht**

Abb. 30: Dämmerungsphänomene -8°

Lichtphänomene in der Atmosphäre

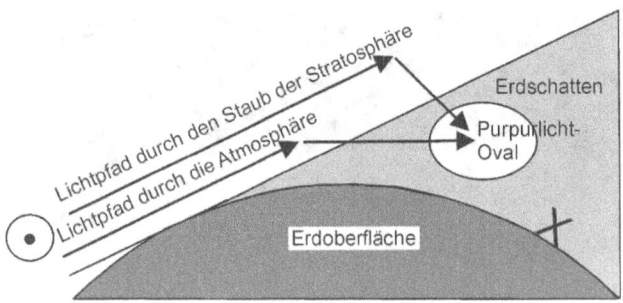

Abb. 26: Entstehung des Purpurlichts

Abb. 27: Echtes Purpurlicht über der Tampa Bay / Florida

darüber weichen nun langsam einem wieder blauen Himmel. Im **Osten** sind der Erdschatten und der Gegendämmerungsbogen vergangen, aber das zuerst purpurne und dann rote **Alpenglühen** verleiht den in dieser Himmelsrichtung gelegenen höheren Erhebungen nun bemerkenswerte Akzente.

Das **Alpenglühen** ist der an Ort und Stelle bereits untergegangene und nur noch für weiter westlich stehende Beobachter sichtbare Dämmerungsbogen, den die hohen Berge oder auch hochstehende Wolken gegenüber der Sonne einfangen beziehungsweise reflektieren. Licht also, das durch die Rayleigh-Streuung einen Großteil seines blauen Spektrums verloren hat und uns nun in den verbleibenden kräftigen Rottönen erscheint. Entgegen der oben hervorgehobenen Wichtigkeit der Dunstpartikel für die rote Qualität des Sonnenuntergangs ist das Alpenglühen um so intensiver, je reiner die Luft ist. Denn aufgrund des langen Weges genügt hier allein die Sortierung der Wellenlängen durch Streuung.

Aufgrund des großen Kontrastes zwischen dem beleuchteten Horizont und dem im völligen Dunkel liegenden Vordergrund läßt sich die Landschaft nun selbst bei Verwendung eines starken Grauverlauffilters nur noch als Silhouette mit ins Bild einbeziehen. Alle aussagekräftigeren Kompositionen brauchen die Beleuchtung der zumindest knapp über dem Horizont stehenden Sonne.

50 Minuten nach Sonnenuntergang, Höhenwinkel der Sonne -8°, Abb. 30

Eine gute dreiviertel Stunde nach Sonnenuntergang reicht der zusehends verblassende rötliche **Dämmerungshof** noch immer bis zu 10° in den Himmel über dem **westlichen Horizont**. Im **Osten** ist der **Gegendämmerungsbogen** dagegen einer letzten schwachen Reflexion vor dem ansonsten dunklen Firmament gewichen.

Höhenwinkel der Sonne -12° Beginn der astronomischen Dämmerung

Nach 70 Minuten hat der Himmel über dem **westlichen Horizont** alle Farbe verloren und das nautische weicht dem **astronomischen Zwielicht**, welches bis zur völligen Dunkelheit bei einem Sonnenstand von -18° andauert. Von diesem Moment an trägt die Sonne auch nicht mehr mit dem an der oberen Atmosphäre gestreuten Licht zur Erhellung des Himmels bei und bei unbewölktem Himmel sind viele Sterne sichtbar.

Die folgenden Zahlenreihen geben einen handhabbaren Eindruck von den tatsächlichen Dämmerungslängen in Abhängigkeit von geographischer Breite und Jahreszeit. Die Dämmerungslängen (bürgerliche-, nautische- und atsronomische Dämmerung) sind in Minuten angegeben, SA = Sonnenaufgang, SU = Sonnenuntergang. Für die jeweiligen Breiten der Südhalbkugel gilt: Die Daten für den 21.03. und den 23.09. sind wegen der Tagundnachtgleiche identisch, der 21.06. auf der Nordhalbkugel entspricht dem 22.12. auf der Südhalbkugel und der 22.12. im Norden dem 21.06. im Süden.

0° N Äquator
21.03. bürgerlich: 21, nautisch: 24, astronomisch: 24, SA 06:04 SU 18:10
21.06. bürgerlich: 23, nautisch: 24, astronomisch: 26, SA 05:58 SU 18:06
23.09. bürgerlich: 21, nautisch: 24, astronomisch: 24, SA 05:49 SU 17:56
22.12. bürgerlich: 23, nautisch: 26, astronomisch: 26, SA 05:55 SU 18:03

Lichtphänomene in der Atmosphäre

20° N Mexico City, Mumbai
21.03. bürgerlich: 22, nautisch: 26, astronomisch: 25; SA 06:03 SU 18:12
21.06. bürgerlich: 24, nautisch: 30, astronomisch: 30, SA 05:21 SU 18:42
23.09. bürgerlich: 22, nautisch: 25, astronomisch: 26, SA 05:49 SU 17:55
22.12. bürgerlich: 24, nautisch: 28, astronomisch: 27, SA 06:31 SU 17:27

40° N Neapel, New York City
21.03. bürgerlich: 27, nautisch: 31, astronomisch: 33, SA 06:01 SU 18:14
21.06. bürgerlich: 33, nautisch: 42, astronomisch: 48, SA 04:31 SU 19:33
23.09. bürgerlich: 28, nautisch: 31, astronomisch: 32, SA 05:49 SU 17:55
22.12. bürgerlich: 31, nautisch: 34, astronomisch: 33, SA 07:19 SU 16:39

60° N Bergen, Anchorage
21.03. bürgerlich: 42, nautisch: 50, astronomisch: 65, SA 05:58 SU 18:18
21.06. bürgerlich: 308, nautisch: 0, astronomisch: 0 (Polarsommer), SA 02:36 SU 21:28
23.09. bürgerlich: 42, nautisch: 50, astronomisch: 54, SA 05:47 SU 17:56
22.12. bürgerlich: 58, nautisch: 57, astronomisch: 52, SA 09:03 SU 14:55

Brechungsphänomene

Brechung bedeutet, daß eine elektromagnetische Welle beim Übergang von einem Medium gegebener optischer Dichte in eines von anderer Dichte ihre Richtung ändert. Sie wird zu dem die Senkrechte markierenden Lot hin gebrochen, weil sich an dieser Stelle ihre Ausbreitungsgeschwindigkeit ändert. Dabei ändert sich die Wellenlänge, nicht jedoch die Frequenz. In den unterschiedlich hoch gelegenen Luftschichten der Atmosphäre können wir die verschiedensten Phänomene der Lichtbrechung beobachten.

Atmosphärische Refraktion – Die Sterne stehen tiefer als wir denken

Ich schlafe morgens gern aus und deshalb weist mein Archiv auch viel weniger Sonnenaufgangsbilder auf als ihm gut täte. – Früh aufstehen ist halt eine Qual für mich! Mittlerweile habe ich aber eine Rechtfertigung für meine Bevorzugung des Sonnenuntergangs gefunden: Durch die Brechung des Lichts in der Atmosphäre scheint die Sonne am Abend ein wenig länger über dem Horizont zu stehen als am Morgen, wenn sie durch denselben Effekt beschleunigt aufzu-

Brechungsphänomene
Atmosphärische Refraktion

gehen scheint – rund vier Minuten mehr Zeit also für gute Bilder! Aber Spaß beiseite.

Da die atmosphärische Refraktion in der Nähe des Horizonts aufgrund der dort (da haben wir sie schon wieder!) mächtigeren Luftschicht und des längeren Wegs der Lichtstrahlen am ausgeprägtesten ist, ergibt es sich bezogen auf den Sonnenuntergang, daß die Sonne die Horizontlinie geometrisch gesehen eigentlich schon passiert hat, wenn sie sie für uns erst mit ihrer Unterkante berührt.

Aber **Krümmung** ist in diesem Fall eigentlich ein besserer Ausdruck als **Brechung**, denn in der Atmosphäre sind die Dichteunterschiede gering und kontinuierlich, weswegen die Lichtstrahlen fortlaufend in winzigen Schritten gebrochen werden und eine eben eher gekrümmte Bahn zurücklegen. Wie auch immer, im Ergebnis erscheinen uns die Objekte ein wenig höher über dem Horizont zu stehen, als sie es in Wirklichkeit tun.

Und noch eine Besonderheit der niedrigstehenden Sonne und des Mondes erklärt sich so. Vielleicht haben Sie durch Ihre längste Brennweite auch schon einmal beobachtet, daß beide Gestirne merkwürdig unrund, geradezu abgeplattet, aussehen, wenn sie mit ihrer Unterseite den Horizont erreichen. Auch das ist

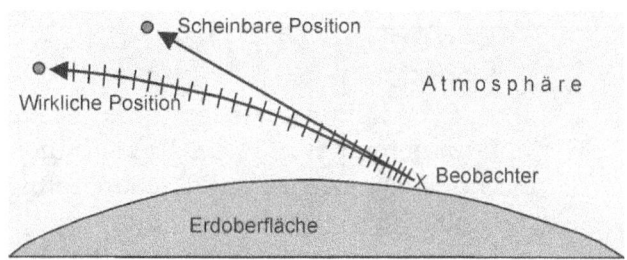

Abb. 31: Atmosphärische Refraktion

eine Folge der Refraktion, die weniger stark ausfällt, je höher das Objekt über dem Horizont steht. Dementsprechend wird der untere Rand der Sonne um 35, ihr Oberrand aber um 29 Bogenminuten angehoben, was ihre schöne Rundung natürlich nicht unbeschadet übersteht.

Aber damit nicht genug. Auch die Farbe der Sonne spiegelt die unterschiedlichen Brechungseigenschaften der Atmosphäre wider: Je unterschiedlicher ihre Rot- und Orangetöne ausfallen, umso größer sind die Temperaturunterschiede der Luftschichten über dem Horizont und umso mehr weichen die Bahnen der Lichtstrahlen und der Grad ihrer Streuung und Absorption voneinander ab.

Lichtphänomene in der Atmosphäre

Regenbögen – Das ganze Spektrum der Farben

Die immer wieder aufs Neue faszinierenden **Regenbögen** entstehen, wie wir alle schon selbst beobachten konnten, durch die Brechung des Lichts an den 0,06 bis 2 mm feinen Wassertröpfchen eines Regenschleiers. Auch dort gehen die Lichtstrahlen von einem Medium in ein anderes, optisch dichteres, über. Ohne die Eigenart dieses optischen Prinzips, die unterschiedlichen Wellenlängen unterschiedlich stark zu brechen, wären sie aber nicht möglich. Wir erinnern uns zurück an den Prismaversuch im Physikunterricht: Licht wird durch ein Glasprisma geschickt und in seine Spektralfarben Rot, Orange, Gelb, Grün, Blau, Indigo und Violett aufgefächert. Genau dasselbe passiert hier.

Und wenn man weiß, wo man nach ihnen während eines Regenschauers Ausschau halten muß, kann man sie sogar vorhersagen. Denn Regenbögen entstehen eigentlich als Vollkreise mit einem Radius von 42° um den **antiso**l**aren Punkt** genau gegenüber der Sonne. Sie können auch als Doppelbögen auftreten, wobei der zweite, äußere, Bogen einen Radius von 51° besitzt und aufgrund des schwachen Übergangs nur sehr schlecht zu sehen ist. Wir müssten uns aber schon auf einem hohen Gipfel oder in einem Flugzeug befinden, um auch den normalerweise von der Erdoberfläche blockierten unteren Teil, und damit den ganzen Kreis, beobachten zu können. Da dies nur selten der Fall ist, nehmen wir fast immer nur den sprichwörtlichen Bogen als Segment des ganzen Kreises wahr.

Damit ist auch klar, warum wir niemals einen Regenbogen sehen, wenn die Sonne im Sommer während der Mittagszeit ihren Höchststand von rund 60° erreicht. Der antisolare Punkt liegt dann so weit unter dem Horizont, daß der Bogen aufgrund seines Radius' von 42° vollständig unter eben diesem verschwindet. Die größten Chancen einen Regenbogen zu beobachten haben wir also mit dem flachen Sonnenstand am Morgen oder Nachmittag.

Die Stärke und Farbigkeit der Bögen hängt zunächst von der Qualität des Sonnenlichts ab. Ist ihm kurz von Sonnenuntergang schon ein großer Teil des kurzwelligen blau-grünen Spektrums entzogen, wird der Bogen überwiegend rot erscheinen. Und auch die Größe der Wassertropfen spielt eine Rolle, denn je größer sie sind umso leuchtender fallen die Farben aus. Und die Farbsättigung steigt noch mal vor dem Hintergrund des dunklen Himmels oder einer Wolke.

Brechungsphänomene
Regenbögen

Belichtungstechnisch sollte man wissen, daß es innerhalb des Bogens normalerweise eine Belichtungsstufe heller ist als außerhalb. Und um die je nach Winkel fünf bis sieben Farben korrekt widerzugeben, ist eine Belichtungsreihe in 1/3-Stufen angeraten. Da sich die Farben mit den im Wind tanzenden Wassertröpfchen quasi permanent verändern, lohnt es sich durchaus eine Zeit an dem Motiv 'dranzubleiben.

Übrigens entstehen Regenbögen unter den oben genannten Bedingungen auch in dem vom **Vollmond** reflektierten Licht. Sie sind natürlich sehr viel schwächer als am Tag und aufgrund unseres skotopischen Sehens auch beinahe farblos, aber trotzdem eine bemerkenswerte Erscheinung. Wenn Sie das Glück haben sich beispielsweise im Frühjahr im Yosemite National Park in Kalifornien aufzuhalten, können Sie dies Phänomen in einer klaren Vollmondnacht in der Gischt der vielen Wasserfälle beobachten.

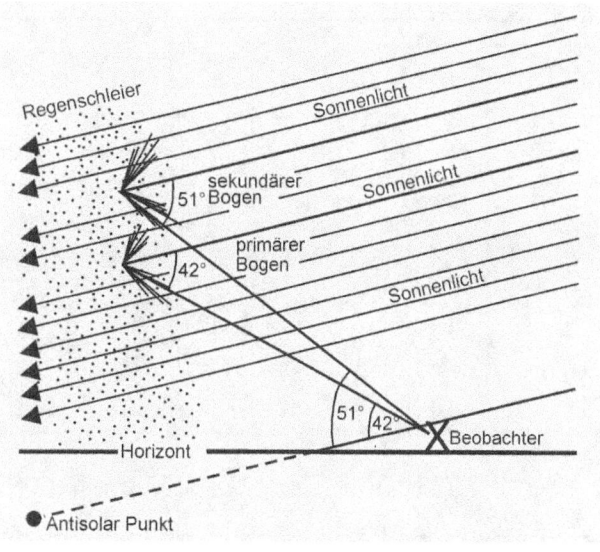

Abb. 32: Schema der Entstehung von Regenbögen

4 Der Mond – Unser Begleiter durch die Nacht

Inhalt

Der Mond als Motiv im Bild
    Zunächst die Geometrie
    Die Mondumlaufbahn
    Mondauf- und -untergang
    Phasen eines Umlaufs
    Geometrie allein macht noch kein gutes Bild
Der Mond als lichtspendendes Objekt
    Die Gerätschaften
    Technik und Gestaltung
    Licht gleich Helligkeit

Der Mond – Unser Begleiter durch die Nacht

Der Mond als Motiv im Bild

Kein anderes Objekt am Himmel regt uns Menschen im positiven wie im negativen Sinn so an wie der Mond. Vielleicht liegt das an der Größe und Leuchtkraft des Vollmonds, vielleicht aber auch daran, daß der Mond vor Urzeiten ein Teil unserer Erde war, herausgesprengt durch den Einschlag eines gewaltigen Meteoriten. Aber welchen Einfluß er auch immer auf uns und die Natur haben mag, emotional und mythologisch betrachtet ist er ein Geschöpf der Nacht, die perfekte Verkörperung der dunklen Stunden des Tages. Und darin liegt zu einem Teil wohl auch der Reiz der Mondphotographie begründet: Man ist in der Dunkelheit draußen, im günstigsten Fall fern der städtischen Beleuchtung auf dem Land, und kann die Nacht und unseren Trabanten aktiv auf eine sonst unbekannte Art erleben. Aber so sehr die Tradition den Mond auch auf die Nacht festlegen mag, der Wirklichkeit hält sie nicht immer stand. Denn unser Nachbar erscheint nicht unbedingt immer mit dem Sonnenuntergang am Himmel und verlässt diese Bühne mit dem Sonnenaufgang, sondern zeigt sich durchaus auch am Tage. Aber Befassen wir uns erst mit den grundsätzlichen Gegebenheiten.

Zunächst die Geometrie

Die Umlaufbahn des Mondes um die Erde ist aufgrund der kombinierten Gravitationskräfte von Erde, Sonne und dem Mond selbst und ihrer Wechselwirkungen untereinander extrem kompliziert. Vereinfachend können wir aber sagen, daß sich der Mond auf einer um rund 5°9' gegen die Ekliptik geneigten, leicht elliptischen Bahn um die Erde bewegt, auf der er von ihr im erdnächsten Punkt (Perigäum) 356410 km und im erdfernsten Punkt (Apogäum) 406740 km entfernt ist. Auf dieser Umlaufbahn bewegt sich der Mond bezogen auf die Erde genau wie sie gegen den Uhrzeigersinn quasi von Süden nach Norden und wieder zurück nach Süden. Die Punkte, an denen die Mondbahn die Ekliptik schneidet, heißen **aufsteigender Knoten** (für den Abschnitt von Süden nach Norden) und **absteigender Knoten** (für den Abschnitt von Norden nach Süden). Diese Knoten sind einer eigenen sogenannten **retrograden Drehbewegung** unterworfen, auf der sie sich pro Jahr um gut 20° gegen den Uhrzeigersinn um die Erde bewegen und diese so in rund 18,6 Jahren einmal umrunden. Aus dem Raum betrachtet gleicht die Mondumlaufbahn demzufolge einer Taumelbewegung (der nördlichste Punkt der Bahn weist einmal nach rechts und einmal nach links), wie sie ein an Geschwindigkeit verlierender Kreisel beschreibt, der zu fallen droht. Nur aufgrund dieser retrograden Bewegung der Mondbahn kann es zu Mond- und Sonnenfinsternissen kommen, bei denen ja der Punkt, an dem die Mondbahn die Ekliptik schneidet (einer der Knoten) genau in der Achse Sonne-Erde liegen muss. Denn bliebe die Mondbahn immer in einer Stellung, würde der Mond die Sonne und den Erdschatten bei jedem Umlauf um die Erde verfehlen.

Weitere Störungen der Mondbahn durch die Schwerkraft der Sonne sind die periodischen Änderungen der Exzentrizität der Mondbahn zwischen den Werten 0,044 und 0,067 (Evektion), die Schwankung der Bahnneigung zwischen 4°58′ und 5°19′ und der Umlauf des erdnächsten Punkts (Perigäum) in 8,85 Jahren um die Erde in deren Rotationsrichtung. Damit wird die vollständige Berechnung der Mondbahn, wie oben schon angedeutet, zu einem der schwierigsten Probleme der Astronomie.

Ganz strenggenommen umkreist der Mond allerdings nicht die Erde, sondern beide umkreisen ihr gemeinsames Massezentrum (Baryzentrum) das rund 4800 km außerhalb des Erdmittelpunkts, also noch innerhalb der Erde, in gut 1600

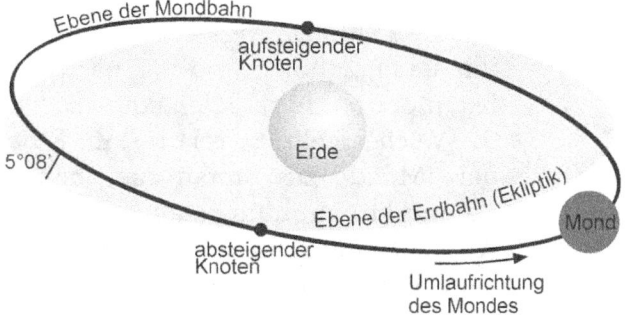

Abb. 33: Die Umlaufbahn des Mondes

m Tiefe liegt. Die Zeit, die der Mond für einen solchen Umlauf benötigt, teilen die Astronomen in verschiedene **Monate** ein, von denen der siderische und der synodische Monat die bekanntesten sind. Der **siderische Monat** definiert die Zeit, die der Mond benötigt, um die Erde zu umrunden und zur selben Position relativ zu den Sternen zurück zukehren. Er dauert 27 Tage 7 Stunden 43 Minuten und 11,6 Sekunden. Der **synodische Monat** bezeichnet dagegen die Zeitspanne, die der Mond braucht, um zu derselben Position relativ zur Sonne zurückzukehren. Greifbarer ausgedrückt, die Zeit zwischen zwei gleichartigen Mondphasen, beispielsweise von Neumond zu Neumond. Er dauert 29 Tage 12 Stunden 44 Minuten und 2,9 Sekunden. Diese längere Zeit resultiert daher, daß die Sonne nach einem siderischen Monat um rund 28° auf der Ekliptik weiter gewandert ist

Der Mond – Unser Begleiter durch die Nacht

und der Mond 2 Tage extra benötigt, um sie einzuholen und zur nächsten Neumondphase zu gelangen.

Welche Stellung relativ zur Erde der Mond zu einem gegebenen Zeitpunkt einnimmt, hängt nun von seiner Position auf der Umlaufbahn, dem Standort (dem Breitengrad) des Beobachters auf der Erdoberfläche und der Stellung der Erde im Raum (Neigung der Erdachse) in den Jahreszeiten ab. – Wollen mal sehen, ob wir alle Faktoren in einen sinnvollen Zusammenhang bringen können, um zu erklären, was wir am Himmel sehen.

Die Mondumlaufbahn

Unabhängig von den Jahreszeiten bewegt sich der Mond während jedes monatlichen Umlaufs um die Erde auf unterschiedlichen Bahnen, die jeweils in Punkten zwischen 10° und rund 60° Höhenwinkel über dem Horizont kulminieren. Der Neumond eines Monats kann beispielsweise im Südosten auf- und im Südwesten untergehen und einen maximalen Höhenwinkel von 12° erreichen, wohingegen der folgende Vollmond im Nordosten auf- und im Nordwesten untergeht und einen Höhenwinkel von 60° erreicht. Aber die Gipfelpunkte der den jeweiligen Mondphasen zu zuordnenden Bahnen bleiben über die Jahreszeiten nicht gleich. Praktisch ausgedrückt: Der Vollmond steht im Winter **höher** als im Sommer und umgekehrt steht der Neumond im Winter **niedriger** als im Sommer. Die folgenden Zahlenreihen veranschaulichen dies.

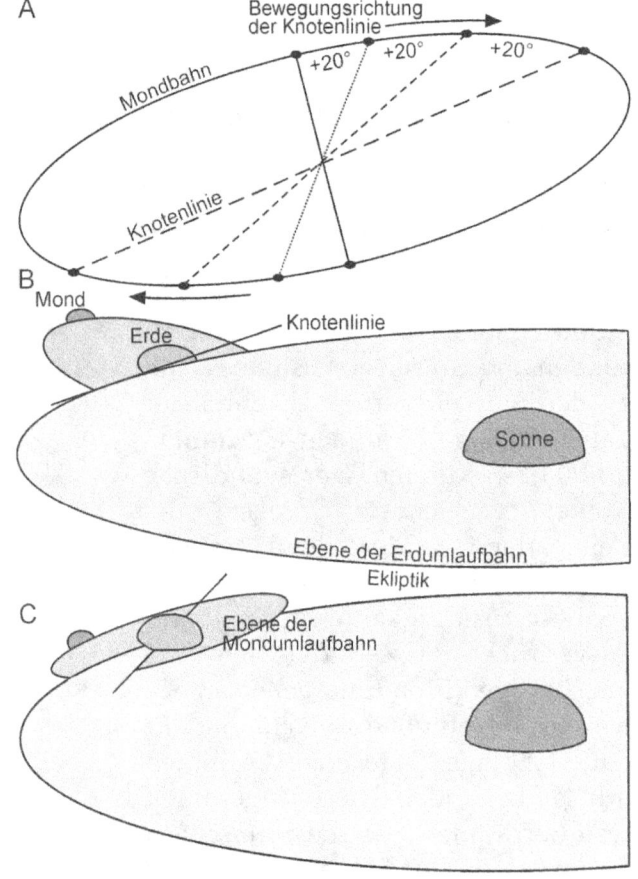

Abb. 34: Die retrograde Bewegung der Mondumlaufbahn

Der Mond als Motiv
Mondumlaufbahn

**Neumond und Höhenwinkel
im Jahresverlauf**
21.01. : 12°, 20.02. : 23°, 20.03. : 42°,
19.04. : 50°, 19.05. : 50°, 17.06. : 65°,
17.07. : 65°, 16.08. : 55°, 14.09. : 45°,
14.10. : 30°, 12.11. : 20°, 12.12. : 10°

**Vollmond und Höhenwinkel
im Jahresverlauf**
07.01. : 65°, 06.02. : 60°, 06.03. : 53°,
05.04. : 38°, 04.05. : 28°, 03.06. : 15°,
02.07. : 10°, 31.07. : 12°, 30.08. : 25°,
28.09. : 35°, 28.10. : 50°, 26.11. : 50°,
26.12 : 65°

**Von Vollmond zu Vollmond
im Winter (Januar-Februar)**
07.01.-06.02. : Vollmond : 65°, letztes
Viertel : 30°, Neumond : 12°, erstes
Viertel : 54°, Vollmond : 50°

**Von Vollmond zu Vollmond
im Sommer (Juni-Juli)**
03.06.-02.07. : Vollmond : 15°, letztes
Viertel : 28°, Neumond : 55°, erstes
Viertel : 40°, Vollmond : 10°

(Alle Werte beziehen sich auf Dortmund 51°52′ nördlicher Breite und 07°47′ östlicher Länge)

Die Schrägstellung unserer Erde im Raum bewirkt hier für die Mondbahn dasselbe wie für die scheinbare Bewegung der Sonne am Himmel, sie kehrt sie zwischen Winter und Sommer um. Abb. 35 erläutert am Beispiel des monatlichen Vollmonds, warum. Im Nordsommer ist die Nordhalbkugel der Erde der Sonne zu- und dem genau gegenüberstehenden Vollmond folgerichtig abgewandt. Bezogen auf diese Hemisphäre wiegen sich die Neigungsverhältnisse der Erde und der Mondbahn nun zum Teil auf und es liegt nur ein kleiner Teil der Vollmondbahn oberhalb des Horizonts. Somit beschreibt dieser mit dem Aufgang im Südosten und dem Untergang im Südwesten die engste Bahn des

Die Ekliptik ist die Ebene der Erdumlaufbahn um die Sonne bzw. von der Erde aus gesehen die scheinbare Bewegung der Sonne an unserem Himmel.

Jahres mit dem niedrigsten Höchststand. Im Nordwinter kehren sich die Verhältnisse dagegen um, denn die Nordhalbkugel ist nun von der Sonne weggeneigt und die Neigungsverhältnisse addieren sich. So kommt jetzt ein größerer Teil der Vollmondbahn über dem Horizont zu liegen und La Luna erreicht auf einer zwischen Nordosten (Aufgang) und Nordwesten (Untergang) viel weitergespannten Bahn

Der Mond – Unser Begleiter durch die Nacht

bei 60° Höhenwinkel nun beinahe den Scheitelpunkt des Himmels (Zenit). Da sich die Mondbahn aber wie oben beschrieben gegen den Uhrzeigersinn um die Erde bewegt, bleibt dies Verhalten nicht konstant, sondern die Maximal- und Minimalwerte wiederholen sich mit dem Rhythmus einer vollen Umdrehung alle 18,6 Jahre.

Mondauf- und -untergang

Die weit größere und verwirrendere Unregelmäßigkeit, die wohl jeder von uns schon einmal wahrgenommen hat, ist aber die auf den ersten Blick unberechenbar erscheinende Zeit des Mondaufgangs. Dabei könnte alles so einfach sein, denn um die Erde einmal zu umrunden, braucht der Mond, wie oben gesehen, 27,3 Tage. Teilen wir den Vollkreis durch die Anzahl der Tage (360°/27,3=13,2°), so ergibt sich das Maß um, welches sich der Mond im Durchschnitt pro Tag nach Osten von der Sonne entfernt und in einem weiteren Schritt ({[24h*60 min]/360°}*13,2=52,8 min) die Zeit, um die der Mond demzufolge jeden Tag später aufzugehen hätte.

Ein Besuch auf der Website des *US Naval Observatory* und die Auswertung der Mondauf- und -untergangsdaten für eine Position der gemäßigten Breiten zeigen aber schnell, daß die Mondaufgänge an aufeinanderfolgenden Tagen um jeweils unterschiedliche Werte zwischen runden 10 bis 90 Minuten voneinander abweichen, sich aber im Mittel übers Jahr auf annähernd den berechneten Wert von 52,8 Minuten summieren. Dieser Zeitunterschied zwischen einem Mondaufgang und dem nächsten heißt **Retardation**.

Um dies zu verstehen, müssen wir uns an den Abschnitt „Die unterschiedlichen Längen von Tag und Nacht" erinnern. Dort haben wir festgestellt, daß die Sonne über der Nordhalbkugel im Sommer eher auf- und später untergeht als im Winter, weil dann aufgrund der geometrischen Verhältnisse zwischen Erde und Sonne ein größerer Teil ihrer täglichen Bahn oberhalb des Horizonts liegt. Nun, mit dem Mond ist´s ähnlich. Nur wechseln die Positionen von Erde und Sonne *übers Jahr*. Der Mond dagegen bewegt sich in nur 27 Tagen um die Erde und durchläuft all die jahreszeitlichen Eigenheiten der Sonne, wie Aufgang im Nordosten, Kulmination bei 75°, Untergang im Nordwesten und Aufgang im Südosten, Kulmination bei 15°, Untergang im Südwesten, die auch bei ihr für die Verschiebung der Auf- und Untergangszeiten verantwortlich sind, in dieser kurzen Zeit und fällt uns damit so sehr auf.

Und ganz unberechenbar ist er dabei auch nicht. Denn solange er eine von Tag zu Tag höhere Bahn über den Himmel beschreibt, sich seine Auf- und Untergangspunkte also nach Norden verschieben, ist der Zeitabstand zwischen den aufeinanderfolgenden Mondaufgängen geringer als die durchschnittlichen 52,8 Minuten und der Mond geht eher als durchschnittlich auf. Für die Nordhalbkugel verzeichnen wir die minimale Zeitdifferenz deshalb, wenn der Mond auf seinem Weg von Süden nach Norden den Äquator passiert und seine Bewegung nach Norden von Aufgang zu Aufgang am größten ist. Dieser Effekt fällt mit zunehmender geographischer Breite stärker aus. Bei 62° Nord oder Süd (ein Beobachter auf der Südhalbkugel erlebt den gesamte Sachverhalt jahreszeitlich versetzt) geht der Mond in dieser Periode zur selben Zeit und jenseits davon sogar von Tag zu Tag früher auf.

Diese Konstellation kann in jeder Mondphase erreicht werden. Im Winter steht der Mond in dieser Position ungefähr im ersten Viertel, im Frühjahr im Neumond, im Sommer im letzten Viertel und im Herbst im Vollmond. Dieses herbstliche Phänomen des einige Tage zu ungefähr der gleichen Zeit aufgehenden Vollmonds ist als **Herbst-** oder **Erntemond** (per Definition der Vollmond, der der herbstlichen Tagundnachtgleiche

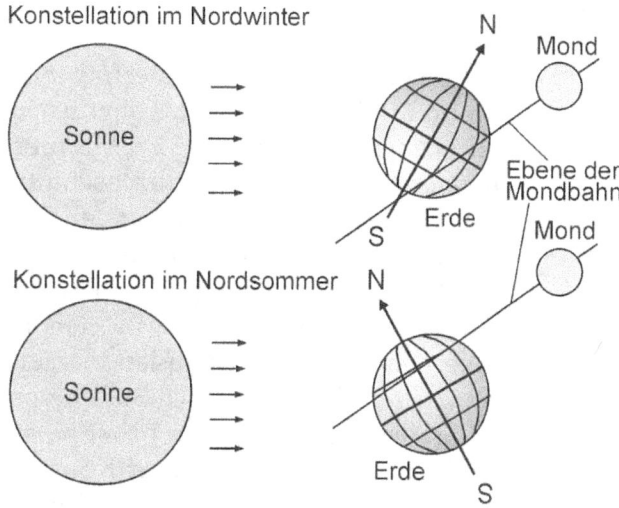

Abb. 35: Mond und Horizont

am 23. September am nächsten kommt, Abb. 36) bekannt, weil es den Bauern zur richtigen Zeit kurz nach Sonnenuntergang etwas extra Licht beschert, um die Feldfrüchte einzubringen. Jene Erntemonde, die dieser Tagundnachtgleiche besonders nahekommen, haben den zusätzlichen Vorteil fast genau im Osten auf- und im Westen unterzugehen. Es lohnt sich also in den Kalender zu schauen und diese Symmetrie für ein wunderbares Bild mit der untergehenden Sonne im Westen und dem aufgehenden Vollmond im Osten zu nutzen!

Beschreibt der Mond dagegen eine von Tag zu Tag niedrigere Bahn, auf der sich seine Auf- und Untergangspunkte nach Süden ver-

Der Mond – Unser Begleiter durch die Nacht

schieben, so ist auch der Zeitabstand zwischen den aufeinanderfolgenden Mondaufgängen größer als der durchschnittliche Betrag von 52,8 Minuten und er geht später als durchschnittlich auf. Im Gegensatz zum ersten Fall verzeichnen wir den größten Zeitverzug für die Nordhalbkugel nun, wenn der Mond den Äquator auf seinem Weg von Norden nach Süden passiert und seine Bewegung nach Süden von Aufgang zu Aufgang am größten ist. Im Winter steht er in dieser Konstellation ungefähr im letzten Viertel, im Frühjahr im Vollmond (Abb. 37), im Sommer im ersten Viertel und im Herbst im Neumond.

Die exakte Länge der Zeitdifferenzen zwischen den Mondaufgängen hängt immer von der geographischen Breite des Beobachters ab und wie in Bezug auf die Sonne auch sind nur die Breiten um den Äquator aufgrund ihrer im Jahresverlauf annähernd konstanten Lage von diesem Spiel weitestgehend ausgeschlossen und erleben einen Mond, dessen Aufgänge sich von Tag zu Tag immer um die 50 Minuten verspäten.

Aber, ich gebe es zu, das ist sehr viel Theorie. Am hilfreichsten ist es den Mond über mehrere Zyklen von Neumond zu Neumond aufmerksam zu beobachten, sich alle paar Tage Notizen darüber zu machen, wo und wann er aufgeht und wie hoch er den Himmel hinaufklettert und diese Beobachtungen dann mit dem Gelesenen zu vergleichen.

Phasen eines Umlaufs

Nach der ganzen Theorie zu einem praktischerem und sichtbarerem Thema, den **Mondphasen**. Den Wechsel seiner Phasen vom für uns unsichtbaren Neumond zu dem den Himmel beherrschenden Vollmond haben wir der Tatsache zu verdanken, daß die der Sonne zugewandte Hälfte des Mondes einerseits immer von ihr beleuchtet wird, der Anteil dieser Hälfte den wir andererseits auf der Erde sehen können aber davon abhängt, wo sich der Mond auf seiner Umlaufbahn befindet.

Neumond Das immer gleiche Spiel beginnt mit dem Neumond, wenn La Luna genau zwischen Erde und Sonne steht und diese seine uns abgewandte Seite bescheint. Der Neumond geht ungefähr mit der Sonne auf und auch wieder unter und ist dementsprechend nur während der Tagstunden am Himmel zu erahnen. Die Nacht bleibt mondlos. Die Aufgangspunkte wandern wie folgt durch die Jahreszeiten: Von Südosten nach Nord-Nordosten im Frühjahr, von Nord-Nordosten nach Nordosten im

Der Mond als Motiv
Mondphasen

Sommer, von Nordosten nach Südosten im Herbst und von Süd-Südosten nach Südosten im Winter. Die Untergangspunkte verschieben sich analog dazu im Westhimmel. Befindet sich der Mond aber genau zwischen Sonne und der Erde, kann er für Beobachter auf der Erde die Sonne abdecken. Dies nennt man eine Sonnenfinsternis. Diese ist nur von einem kleinen Teil der Erde aus sichtbar.

Phase: Neumond
Aufgang: Bei Sonnenaufgang
Kulmination: Am Mittag
Untergang: Bei Sonnenuntergang
Sichtbarkeit: Unsichtbar, weil tagsüber am Himmel

Zunehmende Mondsichel oder erstes Viertel Nach dem Neumond wandert die **zunehmende Mondsichel** nach Osten und ist deshalb zwei bis drei Tage nach diesem Datum vom Vormittag bis nach Sonnenuntergang sichtbar. Das Zwielicht der Abenddämmerung ist die beste Zeit für die Beobachtung der dann ein wenig östlich der Sonne liegenden Sichel.

In der Phase des zunehmenden Halbmonds (oder auch erstes Viertel), ungefähr eine Woche nach Neumond, steht der Mond im 90° Winkel zu Erde und Sonne und präsentiert genau eine

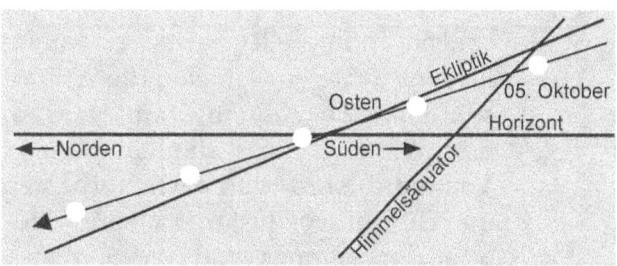

Abb. 36: Mondaufgang im Herbst

beleuchtete Hälfte seiner Tagseite. In dieser Phase geht er am späten Vormittag oder in der Mittagszeit auf, steht bei Sonnenuntergang im Süden und geht im Lauf der ersten Nachthälfte, ungefähr um Mitternacht, unter. Bei klarer Witterung kann man ihn bereits in den Nachmittagsstunden sehen, denn seine Helligkeit ist schon beträchtlich ange-

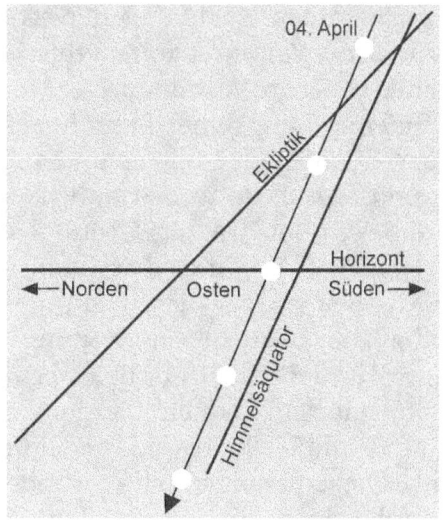

Abb. 37: Mondaufgang im Frühjahr

Der Mond – Unser Begleiter durch die Nacht

stiegen und erhellt abseits von künstlich beleuchteten Gebieten die Abendstunden. Die Aufgangspunkte wandern wie folgt durch die Jahreszeiten: Von Nord-Nordosten nach Nordosten im Frühjahr, von Osten nach Süd-Südosten im Sommer, von Süd-Südosten nach Südosten im Herbst und von Osten nach Süd-Südosten im Winter. Die Untergangspunkte verschieben sich analog dazu im Westhimmel.

Phase: erstes Viertel
Aufgang: Am Mittag
Kulmination: Bei Sonnenuntergang
Untergang: Um Mitternacht
Sichtbarkeit: Abends, 1. Nachthälfte

Vollmond Höhepunkt des 29,53 Tag dauernden Zyklus ist der schon von unseren Vorfahren mit mythischen Kräften bedachte **Vollmond**. Der Mond befindet sich auf seiner Bahn nun genau gegenüber der Sonne und seine gesamte der Erde zugewandte Seite wird beleuchtet. Trotzdem beträgt seine Helligkeit nur den einmillionsten Teil der Sonne, aber diese Lichtmenge genügt, um bequem eine Zeitung zu lesen. Zu dieser Zeit erscheint er ungefähr mit dem Sonnenuntergang am Himmel und bleibt, bis sie wieder aufgeht. Die Aufgangspunkte wandern wie folgt durch die Jahreszeiten: Von Nordosten nach Südosten im Frühjahr, von Süd-Südosten nach Südosten im Sommer, von Osten nach Nordosten im Herbst und von Nord-Nordosten nach Nordosten im Winter. Die Untergangspunkte verschieben sich analog dazu im Westhimmel.

Steht der Mond besonders nahe an der Verbindungslinie Sonne-Erde, so kann er vom Schatten der Erde verfinstert werden und es kommt zu einer Mondfinsternis. Diese ist von allen Orten aus sichtbar, wo der Mond am Himmel steht, bzw. die Sonne untergegangen oder noch nicht aufgegangen ist. Weil die Mondbahnebene gegenüber der Erdbahnebene geneigt ist, findet nicht jeden Monat eine Mondfinsternis statt.

Daß uns der Vollmond wie eine flache Scheibe und nicht wie eine dreidimensionale Kugel erscheint, liegt an den Reflexionseigenschaften seiner Oberfläche. Bei einer direkt von vorn angeleuchteten Kugel nimmt die Helligkeit normalerweise von der Mitte nach außen hin ab, weil das Licht an den Rändern in einem flacheren Winkel auftrifft. Dieser Helligkeitsabfall verleiht dem Objekt sein plastisches Aussehen. Die Gesteine der Mondoberfläche, Aluminium- und Calciumsilikate in den bergigen Regionen und vulkanischer Basalt in den tief eingesunkenen *maria*, deren Helligkeit aufgrund dieser Strukturunterschiede um 20 % abfällt, streuen das einfallende Sonnenlicht aber gleichmäßig in alle Richtungen und nehmen uns so den zur Konstruktion von räumlicher Tiefe nötigen Anhaltspunkt.

Phase: Vollmond
Aufgang: Bei Sonnenuntergang
Kulmination: Um Mittrenacht
Untergang: Bei Sonnenaufgang
Sichtbarkeit: die ganze Nacht

Abnehmender Halbmond oder letztes Viertel Auf den folgenden 180° der Bahn kehrt sich nun alles um. Nach dem Vollmond verspätet sich der Mondaufgang, so daß der **abnehmende Mond** zwischen den späten Abendstunden und dem Vormittag sichtbar ist. Mit dem Erreichen der Position des Letzten Viertels steht der Mond wieder im rechten Winkel zu Sonne und Erde, ist also genauso weit von der Sonne entfernt wie die Erde und zeigt uns wiederum nur exakt eine beleuchtete Hälfte. Nun geht er gegen Mitternacht ungefähr im Osten auf, steht bei Sonnenaufgang im Süden auf und bleibt bis zum späten Vormittag oder Mittag über dem Horizont.

Die Aufgangspunkte wandern wie folgt durch die Jahreszeiten: Von Süd-Südosten nach Südosten im Frühjahr, von Südosten nach Nordosten im Sommer, von Nord-Nordosten nach Nordosten im Herbst und von Nordosten nach Südosten im Winter. Die Untergangspunkte verschieben sich analog dazu im Westhimmel.

In den verbleibenden letzten paar Tagen bis zum Neumond bleibt beinahe die ganze Nacht mondlos, denn die **abnehmende Mondsichel** erscheint erst kurz vor Sonnenaufgang am östlichen Himmel und bleibt bis zum Mittag.

Phase: letztes Viertel
Aufgang: Um Mitternacht
Kulmination: Bei Sonnenaufgang
Untergang: Am Mittag
Sichtbarkeit: 2. Nachthälfte, morgens

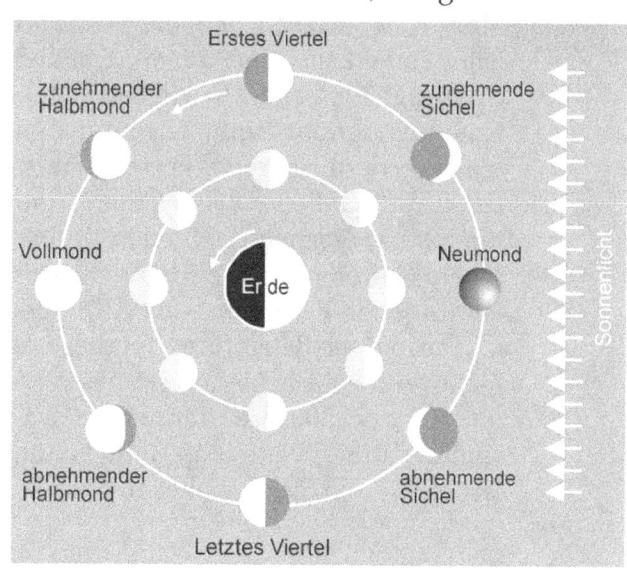

Abb. 38: Die Phasen des Mondumlaufs

Der Mond – Unser Begleiter durch die Nacht

Während der Phasen des zunehmenden Mondes zu Beginn des ersten Viertels und des abnehmenden Mondes zum Ende des letzten Viertels, wenn er sich uns also als schmale Sichel präsentiert, kommt es vor, daß uns sein unbeleuchteter Teil als geradezu unheimlich leuchtend erscheint und wir einige Einzelheiten seiner eigentlich dunklen Oberfläche klar erkennen können. Ein Phänomen, daß als **Erdenschein** bezeichnet wird und daher rührt, daß die Erde das Sonnenlicht aufgrund der gegensätzlich verlaufenden Phasen beider Himmelskörper weiter zum Mond reflektiert. Erscheint uns der Mond auf der Erde also als Sichel, ist die Erde vom Mond aus gesehen beinahe voll und leitet so viel Licht an ihn weiter, daß es genügt, um seine Oberfläche in beinahe blendender Helligkeit zu baden (das von der Erde reflektierte Licht ist rund fünfmal heller als uns der Mond umgekehrt erscheint). Um den Erdenschein auf ein Photo zu bannen, gelten folgende Richtwerte für ASA 100: $f/5,6$ und 8 sec Belichtungszeit bei 100 mm Brennweite beziehungsweise $f/2,8$ und 2 sec bei 300 mm Brennweite (warum die Brennweite eine Rolle spielt, lernen wir ein Stück weiter unten).

Geometrie allein macht noch kein gutes Bild

So viel zur Geometrie. Um den Mond effektiv mit in ein Bild einzubeziehen, braucht es ob dieser Voraussetzungen also ein wenig theoretische Vorbereitung. Zur Erinnerung: Der Mond ist, sofern für uns sichtbar, immer ähnlich einer im Mittagslicht liegenden Landschaft beleuchtet. Soll er also belichtungstechnisch zum Vordergrund passen, muss er entweder am noch nicht ganz dunklen Himmel stehen oder per Doppelbelichtung eingefügt werden. Dazu später mehr.

Zunächst sollte die zur Bildgestaltung passende **Mondphase** gewählt und das zugehörige Datum festgestellt werden. Zu diesem Zweck bietet der Anhang eine Übersicht der Vollmonddaten für die nächsten Jahre. Im Ersten beziehungsweise Letzten Viertel (Halbmond) steht der Mond jeweils rund sieben Tage vor oder nach dem angegebenen Datum. An zweiter Stelle steht die Bestimmung der Mondaufgangs- und Sonnenuntergangszeit, um die Umgebungshelligkeit und den Kontrast abschätzen zu können. Als Orientierung dazu mag dienen, daß die völlige Dunkelheit im Winter rund 30 Minuten, im Sommer gute 60 Minuten nach Sonnenuntergang eintritt. Sofern die gewünschte Aufnahmezeit zwischen Sonnenauf- und -untergang

Der Mond als Motiv
Geometrie allein macht noch kein gutes Bild

liegt, können Sie die Belichtung einfach am Vordergrund orientieren, ganz so, als ob der Mond gar nicht da wäre.

Aber der Taghimmel dürfte nur selten geeignet erscheinen. Viel spannender ist die Dämmerung, deren Himmelsfarben eine Ahnung der abendlichen Dunkelheit vermitteln und den Vordergrund trotzdem noch erkennbar beleuchten. Dies sind die idealen Verhältnisse, um jeden und ganz besonders den monatlichen Vollmond mit ins Bild zu bringen. Da der Mond nur zum Vollmond ungefähr zeitgleich mit dem Sonnenuntergang am Himmel erscheint, ist in den meisten Monaten nur zwischen dem Tag vor und dem Tag nach Vollmond genügend Helligkeit vorhanden, um ihn belichtungstechnisch mit dem Vordergrund in eine Linie zu bringen. Ein Mondaufgang vor Sonnenuntergang ist in der Regel besser für Naturlandschaften mit orange-rotem oder blauem Himmel geeignet, einer nach Sonnenuntergang dagegen für Stadtansichten, da er Zeit gewährt in der die Hausbeleuchtungen eingeschaltet werden können. Der Tag nach dem kalendarischen Vollmond bietet darüber hinaus oft gute Voraussetzungen, um den Vordergrund als Silhouette erscheinen zu lassen. Aber beachten Sie die Belichtungswerte, denn nur ein Tag Abweichung vom nominellen Vollmond bedeutet eine Verringerung seiner Helligkeit um annähernd eine ganze Belichtungsstufe. Während der Sommermonate von Mai bis August beschreibt der Vollmond seine niedrigste Bahn des Jahres und befindet sich die ganze Nacht über in photogenen Höhen von guten 25° über dem Horizont. Zeit genug also, um nach Motiven und Variationen zu suchen, denn im Rest des Jahres hält sich der Vollmond nur auf einem Teil seiner Bahn in diesem gefälligen Bereich auf.

Einfache Regel zur Bestimmung der Belichtung: Wenn die Helligkeit des Himmels oder Vordergrunds gleich oder größer der des Mondes ist, so wird die Belichtung auch an dieser dominierenden Größe orientiert und der Mond kann getrost außer acht gelassen werden. Bis wenige Minuten nach Sonnenuntergang ist demzufolge also noch immer die umgebende Landschaft ausschlaggebend für die Belichtung. Ein Polarisationsfilter dunkelt den Himmel dabei ein wenig ab und läßt die helle Scheibe noch deutlicher hervortreten. Je dunkler der Himmel aber wird, umso größere Beachtung verdient der im gleichen Maß steigende Kontrast zum Vordergrund und umso stärker muss der Himmel in die Belichtungsmessung einbezogen und diese verlängert werden. Während der Nachtstunden ist der Mond dann die einzig bestimmende Größe am schwar-

Der Mond – Unser Begleiter durch die Nacht

zen Himmel und der Vordergrund kann nur noch als Silhouette abgebildet werden. Aber die Belichtungsmessung ist dann schwierig, weil ein zu großer Messwinkel den Mond mit seinem mageren Durchmesser von 0,5° unter- und den dunklen Himmel überbewertet und zwangsläufig zur Überbelichtung führt. Eine Spotmessung bei entsprechend langer Brennweite, ca 400 mm, sorgt für präzisere Ergebnisse. Übrigens ist die Größe des Mondes unabhängig von seiner Position über dem Horizont immer gleich, egal was uns unsere visuelle Wahrnehmung auch glauben machen will. Der Abschnitt zur Größenwahrnehmung im ersten Band dieser Reihe erläutert, warum wir uns da manchmal täuschen.

Dann gilt es die **Brennweite** als aufnahmetechnisch kritische Größe zu beachten, denn sie entscheidet erstens über die **Abbildungsgröße** und zweitens über die maximal mögliche Länge der **Belichtungszeit** die eine scharfe Abbildung gewährleistet. Die Größe des Mondes auf dem Film ergibt sich nach Formel 1:

Formel 1

Monddurchmesser in mm = Brennweite in mm / 109

Damit Sie nicht selbst rechnen müssen, gibt Ihnen Tabelle 1 auf der übernächsten Seite ein paar Beispiele.

Sofern Ihre Wahl des Hauptmotivs auf ein entferntes Objekt fällt, das sowieso nach einer Telebrennweite verlangt, ist die Sache leicht. Stellen Sie fest welche Brennweite den Mond in einer Ihrer Vorstellung gemäßen Größe wiedergibt und positionieren Sie sich in einer entsprechenden Entfernung vom Hauptobjekt (vielleicht einer Baumreihe oder einer Häuserzeile). Dann warten Sie einfach, bis der Mond auf seiner Bahn halb hinter oder neben dem Objekt erscheint und lösen aus. Achten Sie bei der Einstellung der Belichtung aber auf eine Blende, die genügend Tiefenschärfe für Vordergrund und Hintergrund erzeugt und denken Sie an die weiter unten angesprochenen Obergrenzen der Belichtungszeit. Falls Sie Ihr Bild nicht am Abend in den Kasten bekommen haben, so gibt es oft am Morgen, eine gute Stunde vor Sonnenaufgang, eine zweite Chance um Landschaft und Mond zu vereinen. Die Belichtung sollte in beiden Fällen am Himmel ausgerichtet werden.

Oft ist aber ein Teleobjektiv nicht zur Umsetzung der eigenen Bildidee geeignet und so bedarf es eines Griffs in die Trickkiste, um beispielsweise eine abendliche Stadtansicht mit einem angemessen großen Mond zu versehen.

Der Mond als Motiv
Geometrie allein macht noch kein gutes Bild

Bei einer Doppelbelichtung können Sie die Brennweite wechseln und so die zu geringe Vergrößerung des für die Aufnahme der Stadtlandschaft nötigen Weitwinkelobjektivs ausgleichen. Ganz nach Gusto können Sie in der ersten Aufnahme der Doppelbelichtung zunächst den Vordergrund aufnehmen, die Kamera dann mit einer langen Brennweite bestücken, und den Mond einfügen. Wählen Sie den Ausschnitt am Besten so, daß er in einem wolkenlosen Himmelsteil erscheint und die Beleuchtung mit der Lichtrichtung im Vordergrund übereinstimmt. Eine Gitternetz-Einstellscheibe ist bei solchen Positionierungsarbeiten sehr hilfreich. Wichtig ist nur, daß der Mond für die zweite Aufnahme an einem ansonsten völlig dunklen Himmel steht, um das erste Bild nicht zu beeinträchtigen. – Ein schwarzer Himmel, der kein Licht aussendet, ist schließlich belichtungstechnisch irrelevant!

Für den ähnlich einer Landschaft im Mittagslicht beleuchteten hoch am Himmel stehenden Vollmond gelten dabei 1/125 sec bei $f/11$ und ASA 100 als Belichtungsrichtwert. Zur Sicherheit sollte eine Spotmessung vorgenommen und die Belichtung um +/- ½ Belichtungsstufe variiert werden werden, denn die Helligkeit des Mondes verändert sich in Abhängigkeit von der Jahreszeit (er leuchtet im Winter stärker, wenn sich das Erde-Mond-System um einige Millionen Kilometer näher an der Sonne befindet und der Mond von 7 % mehr Licht erreicht wird) und der Höhe über dem Horizont. Denn je näher der Mond am Horizont steht, umso größer ist die Absorption des von ihm reflektierten Lichts in der Erdatmosphäre. Der Helligkeitsunterschied des Mondes zwischen einer Position direkt über dem Horizont und in einer Höhe von 40° darüber beträgt auf Meereshöhe im Mittel acht Belichtungsstufen, verringert sich aber mit zunehmender Höhe des Betrachters ü.n.N. und hängt generell davon ab, wieviel Wasserdampf oder Schwebeteilchen die Atmosphäre enthält. Aber damit nicht genug, denn auch mit den Mondphasen wechselt die vom Mond reflektierte Lichtmenge, wie die nachstehende Aufstellung für ASA 100 und $f/11$ zeigt:

Erdenschein: 40-80 sec
Schmale Sichel: 1/8 sec
Breite Sichel: 1/15 sec
Halbmond: 1/30 sec
Vollmond: 1/125 sec

Aber mit zunehmender Länge der verwendeten Brennweite verringert sich die Belichtungszeit, die eine scharfe Abbildung des Mondes zuläßt. Denn je länger die Brennweite und je stärker die damit einhergehen-

Der Mond – Unser Begleiter durch die Nacht

Tabelle 1 Brennweiten und Monddurchmesser			
Brennweite	Monddurchmesser d. Abbildung	% der KB-Bilbreite im Querformat	% der KB-Bildbreite im Hochformat
100 mm	0,92 mm	2,5	3,8
200 mm	1,83 mm	5,1	7,6
300 mm	2,75 mm	7,6	11,5
400 mm	3,67 mm	10,2	15,3
500 mm	4,59 mm	12,7	19,1
600 mm	5,50 mm	15,3	23,0
700 mm	6,42 mm	17,8	26,7
800 mm	7,34 mm	20,4	30,6
900 mm	8,26 mm	23,0	34,4
1000 mm	9,17 mm	25,5	28,2

de Vergrößerung der Optik ist, umso größer ist der Teil des Bildes, den der Mond in derselben Zeit durchquert. – Seine Bewegungsgeschwindigkeit von einem Monddurchmesser pro 150 Sekunden bleibt ja schließlich gleich. Eine Faustformel besagt, die Belichtungszeit sollte nicht länger als fünf bis zehn mal dem Quotienten aus Normalbrennweite / benutzt Brennweite sein, wobei 50 mm als Normalbrennweite im Kleinbildbereich anzusehen sind. Aufgepaßt: Wenn Sie mit einer Digitalkamera arbeiten, müssen Sie die aus dem Verhältnis zur Sensorgröße resultierende echte Brennweite verwenden! Die Belichtungszeit müssen Sie übrigens auch beachten, wenn Sie planen einen Ausschnitt aus dem resultierenden Bild zu vergrößern. Für einen Ausschnitt von 1/x (z.B. ½) der ursprünglichen Größe müssen Sie die Belichtungszeit demzufolge um x (z.B. den Faktor 2) verkürzen. Die folgende Tabelle 2 stellt Brennweiten und längstmögliche Belichtungszeiten gegenüber.

Der besonders **rote Mond** der Sommermonate rührt übrigens von der mit besonders viel Dunst aufgeladenen Atmosphäre, in der der Mond die niedrigste Bahn des ganzen Jahres beschreibt und einen großen Teil seines Umlaufs in der dicken, das Licht stark filternden, Luftschicht in der Nähe des Horizonts zubringt. Im Gegensatz dazu scheinen die Vollmonde zur Zeit der Wintersonnenwende von

Tabelle 2 Brennweiten und B-Zeiten	
Brennweite	maximale Belichtungszeit
100 mm	2,5 - 5 sec
200 mm	1,25 -2,5 sec
300 mm	0,8 - 1,6 sec
400 mm	0,6 - 1,25 sec
500 mm	0,5 - 1,0 sec
600 mm	0,4 - 0,8 sec
700 mm	0,3 - 0,7 sec
800 mm	0,3 - 0,6 sec
900 mm	0,3 - 0,5 sec
1000 mmm	0,25 - 0,5 sec

Abb. 39: Erst der Vollmond verleiht der Landschaftsaufnahme das richtige „Gewicht", 1/8 sec, f/8, 300 mm, Belichtung am Himmel orientiert

ihren höchsten Punkten am Himmel durch besonders trockene und saubere Luft und erscheinen so ein wenig weißer und heller als sonst. Nur mit einem „anderen Gesicht" werden Sie ihn nie erwischen, denn eine Eigenrotation scheint ihm zu fehlen. Dies liegt daran, daß seine Rotation synchron zu seiner Umdrehung um die Erde verläuft. Er braucht für eine volle Umdrehung um sich selbst also genauso lange wie für eine komplette Umkreisung der Erde. Noch eine Kleinigkeit. Versuchen Sie sich nicht immer nur auf den Vollmond zu konzentrieren, denn da das Sonnenlicht in dieser Phase exakt senkrecht auf seiner Oberfläche einfällt, gibt es wie auf der Erde zur Mittagszeit kaum Schatten. Ein lebendigeres Bild seines Antlitzes mit Schatten, die die Kanten der Berge und Krater herausarbeiten, bekommen Sie, wenn er im Ersten oder Letzten Viertel steht. Je länger die verwendete Brennweite ist, umso augenfälliger wird dieser Unterschied!

Der Mond als lichtspendendes Objekt

Wir wollen das Kapitel über den Mond nicht beschließen, ohne eine Besonderheit zu behandeln, die den Unterschied zwischen unserer visu-

Der Mond – Unser Begleiter durch die Nacht

ellen Wahrnehmung und der eines photographischen Bildträgers betont – **Aufnahmen im Licht nur des Vollmonds.**

Das Kapitel „Die Wahrnehmung von Helligkeit und Farbe" im zweiten Band dieser Reihe zeigt, dass wir unsere Umwelt bei geringen Lichtniveaus mit den nur eingeschränkt farbfähigen Stäbchenzellen in unseren Augen wahrnehmen. Daraus resultiert unsere beinahe schwarzweiße Sicht im Halbdunklen oder Dunklen. Film oder elektronische Bildträger sind dieser Einschränkung aber nicht unterworfen und zeigen uns, sofern die Belichtungszeit in dieser speziellen Aufnahmesituation lang genug ist, eine normalerweise unsichtbare farbige Welt. Für uns graue Blätter, Äste und Blumen erhalten ihr Grün, ihr Gelb oder Rot zurück, Holz schimmert wieder braun, stehende schwarze Gewässer reflektieren auf einmal die Farbe des Himmels und schnell fließendes Wasser leuchtet im Weiß des Mondlichts, das viel weniger gelb als Sonnenlicht ist. Auf den ersten Blick erinnert diese Motivwelt irgendwie an das gewohnte Tageslicht, aber sie besitzt einen bizarren Reiz, den sie erst bei genauerem Hinsehen preisgibt. Es fehlen ihr nämlich weitgehend die Schatten, weil der Mond durch die lange Belichtungszeit wandert, die Motive dadurch aus unterschiedlichen Winkeln beleuchtet und ihre Schatten zu einem guten Teil auffüllt. Also Obacht, denn hier gilt: „what you see is *not* what you get"!

Wichtigste Voraussetzung für diese Art von Bildern ist natürlich eine ansehnliche Menge vom Mond reflektierten Lichts. Dies ist in den meisten Monaten bei Vollmond oder an den ihm unmittelbar vorausgehenden beziehungsweise folgenden zwei Tagen der Fall. Zwei bis drei Stunden nach seinem Aufgang hat der Mond dann die richtige Höhe über dem Horizont erreicht, um sowohl für genügend Licht als auch für das richtige Maß an Schattenwurf zu sorgen. – Ein Faktor, der verloren geht, wenn unser kleiner Nachbar den höchsten Punkt seiner Bahn erreicht. Nun können Sie die Arbeit an den Motiven beginnen. Aber seien Sie geduldig. Eine solche Nachtschicht kann locker zwei bis drei Stunden dauern und doch nicht mehr als zehn Aufnahmen generieren.

Die Gerätschaften

Ein paar Worte zur Ausrüstung. Ein stabiles **Stativ** ist angesichts der langen Belichtungszeiten, auf die wir gleich zu sprechen kommen, eine Grundvoraussetzung. Es darf ruhig etwas Gewicht besitzen, denn es soll ja auch der eine oder anderen Winböe

Der Mond als lichtspendendes Objekt
Gerätschaften, Technik und Gestaltung

trotzen. Die zum Einsatz kommende **Kamera** sollte so mechanisch wie möglich sein, um ein Batterieversagen während der Belichtung von vorn herein auszuschließen. Eventuelle arbeiten Sie sogar mit zwei oder drei Gehäusen, um die Zeit besser zu nutzen. Und zur Kamera gehört natürlich ein feststellbarer Drahtauslöser. Was **Brennweiten** angeht, so gilt grundsätzlich je schneller desto besser. Eine größte Blende von 1:2,0 oder 1:2,8 ist ideal, da sie die Belichtungszeiten kurz und das nächtliche Sucherbild einigermaßen hell hält. Und da kurze Brennweiten längeren gegenüber im Vorteil sind, wenn es um die Tiefenschärfe bei großen Öffnungen geht, dürften Weitwinkelobjektive zwischen 20 und 35 mm am häufigsten zum Einsatz kommen. In die entgegengesetzte Richtung geht die Wahl des **Filmmaterials** beziehungsweise die Einstellung der Empfindlichkeit bei Digitalkameras. Schneller ist hier nicht besser. Hohe ASA-Werte sorgen tendenziell für sichtbares Korn oder elektronisches Rauschen und das ist angesichts der diffizilen Lichtverhältnisse absolut unerwünscht. Wichtiger ist es, einen Film mit stabilem Schwarzschildverhalten zu wählen, der auch lange Belichtungszeiten weitgehend ohne Farbstich meistert. Velvia und Provia tendieren beispielsweise zu blau-grün, können aber mit einem FL-D (Fluoreszenzfilter) korrigiert werden. Was Ihnen lieber ist, müssen Sie je nach Motiv selbst entscheiden. Das ich, wie Ihnen sicher aufgefallen ist, nur Umkehrfilme erwähne liegt daran, daß Negativmaterial deren Schärfe und Klarheit fehlt und man nie weiß, was das Labor mit den schwierig zu belichtenden Abzügen anstellt. Eine handliche aber starke **Taschenlampe** und eine möglichst beleuchtete **Stoppuhr** runden das Equipment ab. Und, oh ja, in der kalten Jahreszeit hält eine **Thermoskanne Tee** den Photographen warm und glücklich!

Technik und Gestaltung

Bevor wir uns der wahrscheinlich schon heiß ersehnten Aufklärung des Belichtungsproblems widmen, wollen wir zunächst einige grundlegende Betrachtungen zur Visualisierung und Gestaltung anstellen. Grundsätzlich kann fast jedes Motiv bei Mondlicht mit einer entsprechend langen Belichtungszeit so aufgenommen werden, daß es annähernd wie unter Tageslicht wirkt. Solch einem Bild geht zwar beinahe jede nächtliche Anmutung flöten, weil es ähnlich hell, flach und schattenlos wie unter dem Licht der Mittagssonne wirkt, aber aufgrund der Mischung von „Tageslicht" und nächtlicher künstlicher Beleuchtung (z.B.

Der Mond – Unser Begleiter durch die Nacht

Straßenlaternen oder Hausbeleuchtungen) transportiert es doch einen gewissen surrealen Effekt. Nur auf die Helligkeit des Kunstlichts muss man im Hinblick auf den Mond acht geben. Der durchschnittliche Vollmond liegt etwa auf Lichtwert 3,5, also Blende 2 und ½ Sekunde.

Wenn Sie Ihrer Bildidee folgend eine tageslichtähnliche Wiedergabe des Motivs anstreben, so sollte die Bildgestaltung zumindest zwei allgemeinen Vorgaben folgen. Erstens sollten Sie es vermeiden einen zu großen

Die Auswahl der Motive für Aufnahmen nur bei Vollmondlicht trifft man am besten bei Tageslicht, um das Reflexionsverhalten besser einschätzen zu können.

Teil des Himmels mit im Bild zu haben, weil dieser – klar, er ist ja schwarz – keinerlei Licht reflektiert. Darüber hinaus bewegen sich vom Flugzeug bis zum Stern viel mehr kleine Lichtquellen an ihm, als man mit einem schnellen Blick wahrnimmt und diese erscheinen nach der notwendigen langen Belichtungszeit als unerwünschte Zugaben im Bild. Einzige Ausnahme dieser Regel: ein dünner Wolkenschleier bedeckt den Himmel. Sofern dieser das Mondlicht nicht zu sehr behindert schluckt er A) die nicht erwünschten Lichtspuren, weicht das Mondlicht B) genauso auf wie das Sonnelicht an einem bedeckten Tag und verwischt sich C) durch die Langzeitbelichtung zu einem unwirklichen Nichts. Zweitens ist es zur Belebung des Bildes ratsam, Objekte mit vielen verschiedenen Oberflächen und damit Reflexionseigenschaften im Motiv zu vereinen. Felsen, Bäume, jede Art Pflanzen und Wasser, vor allem fließendes Wasser, sind sehr gut dazu geeignet. Letzteres reflektiert in Abhängigkeit seiner Fließgeschwindigkeit unterschiedlich viel Licht. Und gegenseitige Schattenwürfe der Objekte sind durchaus erwünscht.

Als Belichtungsrichtwert für eine solche Aufnahme ist ohne Korrektur für das Schwarzschildverhalten des jeweiligen Filmmaterials von 2 Minuten bei Blende 4 und ASA 100 auszugehen, wenn wir es mit einem Mond zu folgenden, in etwa durchschnittlichen, Bedingungen zu tun haben: einem Vollmond, circa 15° vor oder hinter der Zenitstellung, bei ziemlich reiner Luft in ungefähr 1000 m Höhe, wenn die Erde weder im sonnennächsten noch im sonnenfernsten Punkt und auch der Mond weder im erdnächsten noch im erdfernsten Punkt steht.

Weil es uns unser Nachtsehen aber nicht gestattet im Dunkeln viele

Der Mond als lichtspendendes Objekt
Licht gleich Helligkeit

Einzelheiten zu erkennen, verwirrt uns eine solch detaillierte tageslichtähnliche Aufnahme zu Recht. Um den Nachteffekt einer nicht vollständig erkennbaren Umgebung zu erzielen, müssen wir also etwas anders vorgehen und dem Reflexionsverhalten der Objekte große Beachtung schenken. Diese sollten so im Bild angeordnet werden, daß nur wenige gutreflektierende Hauptobjekte vor einem im Dunkeln bleibenden Hintergrund stehen. Grundsätzlich können wir dies durch Unterbelichten um ½ bis 1 Stufe ausgehend von obigem Richtwert erreichen. Da die Verteilung der Helligkeitswerte im Bild dabei aber mehr oder weniger dem Zufall überlassen bleibt, tun wir besser daran im Hellen gezielt nach einer Szene mit sehr großem Kontrastumfang zwischen Vorder- und Hintergrund zu suchen. An ihr bestimmen wir dann den Belichtungswert für das Hauptobjekt und verlängern ihn, da das Licht des oben definierten durchschnittlichen Vollmonds rund 400000 mal schwächer ist als das der Sonne, um 13 Belichtungsstufen.

Licht gleich Helligkeit

Aber egal, für welche Möglichkeit Sie sich entscheiden, die Helligkeit des Mondes und damit die Belichtung hängen von einigen äußeren Faktoren ab die richtig einzuschätzen eine wichtige Voraussetzung ist, um eine Aufnahme technisch so zu gestalten, wie man sie sich als Photograph vorgestellt hat. Werfen wir einmal einen genaueren Blick auf die einzelnen Posten.

Die **Mondphase** übt den größten Einfluß auf seine Helligkeit aus, denn sie entscheidet, wieviel seiner Fläche zur Reflexion des Sonnenlichts bereitsteht. Allein zwischen dem 1. Viertel und Vollmond schwankt die Helligkeit des Mondlichts um 3,5 Belichtungsstufen. Ein **Mondphasenwinkel** von 0° bedeutet der Mond steht von der Sonne aus gesehen direkt gegenüber der Erde, also in Vollmondstellung. Tabelle 3 gibt die Grundbelichtungszeiten für Blende 4 und ASA 100 für die jeweilige Anzahl der Nächte vor beziehungsweise nach Vollmond an.

Da die Intensität des Lichts prozentual mit dem Quadrat der Entfernung abnimmt, spielen natürlich auch die Positionen von Erde, Sonne und Mond im Raum eine Rolle. Der **Abstand zwischen Erde und Sonne** beispielsweise schwankt zwischen 147,1 Millionen Kilometern im sonnennächsten Punkt (Perihelion) und 152,1 Millionen Kilometern im sonnenfernsten Punkt (Aphelion). Dazu addiert sich die zwischen 356400 und 407000 Kilometern schwanken-

Der Mond – Unser Begleiter durch die Nacht

Tabelle 3 Aufnahmedaten und B-Zeiten	
Nächte vor/nach Vollmond	Grundbelichtungszeit
1 Nacht	2 min 50 sec
2 Nächte	4 min
3 Nächte	5,min 39 sec
4 Nächte	8 min
5 Nächte	11 min 19 sec
6 Nächte	16 min
7 Nächte	22 min 38 sec
8 Nächte	45 min 15 sec
9 Nächte	91 min

de **Entfernung zwischen Erde und Mond**. In der Summe beider Effekte schwankt die Helligkeit des Mondes um 6,9 % bezogen auf die Entfernung zur Sonne und um 30 % bezogen auf die Entfernung zur Erde oder $1/3$ Belichtungsstufe. – Genug, um eine Belichtung auf Umkehrmaterial spürbar zu verändern.

Der dritte wichtige Faktor ist die **atmosphärische Auslöschung**. Gemeint ist die Verringerung des Lichts in der Atmosphäre in Abhängigkeit ihres Zustands. In diesem Zusammenhang müssen wir zwei Größen unterscheiden. **1. Den Auslöschungswert**, also den Grad der Lichtverringerung pro Einheit Luft. Die Stichworte lauten hier molekulare Absorption, molekulare (Rayleigh) Streuung und Streuung an Partikeln. Der Auslöschungswert ist vergleichsweise klein im Fall von trockener reiner Luft und vergleichsweise groß, wenn die Atmosphäre feucht, staubig und dunstig ist. **2. Die Luftmenge** (Luftmasse) im Lichtweg. Sie schwankt zwischen 1 Luftmasse, wenn sich Mond oder Sonne direkt über unserem Kopf befinden und 38 Luftmassen für eine Position nahe dem Horizont. Der kombinierte Effekt beider Größen, eine große Luftmasse

Tabelle 4 Atmosphärische Bedingungen und Verlängerungsfaktoren			
Mondhöhe über dem Horizont	Atmosphärische Bedingungen		
	Klare Luft	Durchschnittliche Bedingungen	feuchte, dunstige Luft
10°	+2 B-Stufen	+3 B-Stufen	+7 $1/2$ B-Stufen
10°	+1 B-Stufe	+1 $1/2$ B-Stufen	+4 B-Stufen
30°	+$2/3$ B-Stufe	+1 B-Stufe	+2 $2/3$ B-Stufen
40°	+$2/3$ B-Stufe	+1 B-Stufe	+2 B-Stufen
50°	+$1/2$ B-Stufe	+$2/3$ B-Stufe	+1 $2/3$ B-Stufe

Der Mond als lichtspendendes Objekt
Licht gleich Helligkeit

potenziert jeden beliebig großen Auslöschungswert, übt einen enormen Einfluss auf die Helligkeit aus. Schon allein bei einer relativ reinen Atmosphäre sorgt die Verringerung der Luftmasse zwischen Horizont und Zenit für eine Zunahme der Helligkeit um 6 bis 8 Belichtungsstufen. Aus diesem Grund sind die Monate Januar bis März und Oktober bis Dezember, in denen der Vollmond die höchsten Bahnen des Jahres beschreibt und mit Positionen von 50° bis 60° nahe dem Zenit kulminiert, die bevorzugten Zeiten für die Photographie bei Vollmond. Tabelle 4 gibt Aufschluß über die ungefähren Verlängerungsfaktoren für die kombinierten atmosphärischen Effekte.

Die Belichtungszeit errechnet sich in folgender Reihenfolge:

Grundbelichtung
+ /- Korrekturfaktor für die angestrebte Bildwirkung
+ Korrekturfaktor für die atmosphärischen Bedingungen
+ Korrekturfaktor für den Schwarzschildeffekt.

Abb. 40: Landschaft im Vollmondlicht 1.
Eine Nacht nach Vollmond, 9 min, f/4, 24 mm
Der weiße Streifen auf dem Viadukt kommt vom Licht eines durchfahrenden ICE

Abb. 41: Landschaft im Vollmondlicht 2.
Drei Nächte nach Vollmond, 4 min, f/4, 24 mm

5 Die Sterne – Zu viele Pünktchen, um sie zu zählen

Inhalt

Die Erde ist kein Stern
Sternenpunkte - Pinpoint Stars
    Vorbereitende Berechnungen und ein wenig Astronomie
Sternenspuren – Startrails
    Belichtung und Technik
    Bogen ist nicht gleich Bogen -
    Aussehen und Gestaltung der Startrails
    Kreative Ansätze und ein bißchen Schummelei

Die Sterne – Zu viele Pünktchen, um sie zu zählen

Die Erde ist kein Stern!

Um eine Landschaft so erkennbar zu beleuchten wie der Vollmond, dazu reicht das Licht der Sterne zwar nicht aus, aber die Vielzahl der kleinen Punkte am Himmel kann eine Nachtaufnahme doch auf spannende Art beleben. Weil die Begriffe aber so oft durcheinander geworfen werden, wollen wir erst einmal definieren, wovon wir sprechen. **Sterne** sind im Gegensatz zu den **Planeten** (z.B. die Erde) selbstleuchtende Objekte, also Sonnen. Diese senden aufgrund physikalischer Vorgänge in ihrem Innern alle möglichen Arten von Strahlung aus, darunter auch für uns sichtbares Licht.

Aber wie können wir aus ihnen gestalterischen Nutzen ziehen? Zunächst können wir sie, so wie es die Astronomen tun, um zu wissenschaftlichen Schlüssen zu gelangen, als die punktförmigen Lichtquellen abbilden, als die wir sie auch wahrnehmen. Damit wir uns nicht missverstehen, deren Art der Photographie dringt mit großen Teleskopen tief ins All hinein und heißt deswegen auch zu Recht Astro- oder Deep-Sky Photographie. Dieses bändefüllende Spezialgebiet soll aber hier nicht unser Thema sein. Vielmehr wollen wir uns auf das beschränken, was wir mit dem Equipment aus dem Rucksack in eine wohlgestaltete Aufnahme verwandeln können.

Sternenpunkte – Pinpoint Stars

Die Sterne punktförmig in jener majestätischen Form abzubilden, in der sie sich uns an einem klaren Nachthimmel präsentieren, ist photographisch keine ganz leichte Aufgabe. Schließlich dreht sich unsere Erde unaufhaltsam und sorgt so für die scheinbare Bewegung der Sonne und aller anderen Gestirne am Himmel. Deswegen sind wir, was die wichtigste Größe einer Aufnahme, die Belichtungszeit, angeht „ein wenig" eingeschränkt. Um das Maß dieser Einschränkung zu bestimmen, brauchen wir etwas Mathematik.

Vorbereitende Berechnungen und ein wenig Astronomie

Die Erde bewegt sich in 24 Stunden um 360° fort. Wird die Kamera dieser ständigen Bewegung nicht nachgeführt, so werden die Sterne immer als Bögen beziehungsweise Linien abgebildet (dies interessante Motiv behandeln wir im folgenden Abschnitt). Deswegen ist die wichtigste Frage, wie lang die Sternenspur im fertigen Bild maximal sein darf, um noch als scharfer Punkt angesehen zu werden. Mit dieser Angabe ist die Berechnung der Belichtungszeit eine leichte Sache.

Sternenpunkte
Vorbereitende Berechnungen und ein wenig Astronomie

Legen Sie zunächst fest, wie groß das fertige Bild sein soll (planen Sie ruhig eine Nummer zu groß und errechnen Sie dann den Vergrößerungsmaßstab des Negativs/Dias (bei einer Kleinbild-Vorlage und Endgröße 24x36 cm also Faktor 10). Entscheiden Sie dann, wie lang eine Sternenspur maximal sein darf, damit Sie sie im fertigen Abzug noch tolerieren können (1 mm ist in der Regel akzeptabel) und teilen Sie diesen Wert durch den Vergrößerungsfaktor (1 : 10 = 0,1 mm), um den größten Bewegungswert für das Negativ/Dia zu ermitteln. Dieser Wert wird dann in ein Winkelmaß umgerechnet, um zu sehen wie weit sich das Objekt während der Belichtung am Himmel bewegen darf. Dazu teilen wir Bewegungswert 0,1 durch die verwendet Brennweite, z.B. 200 mm (0,1 : 200 = 0,0005), bestimmen anschließend den Arkustangens (Arktan 0,0005 = 0,0286° – beachten Sie, daß ihr elektronischer Rechenknecht dazu in einem Modus steht, in dem er Eingaben in Altgrad DEG akzeptiert) und rechnen den Gradwert in Winkelminuten um (1 Grad = 60 Minuten, also 0,0286° x 60 = 1,716 Winkelminuten). Nun müssen wir nur noch die Zeit bestimmen, die das Himmelsgewölbe braucht, um sich scheinbar um diese 1,716 Winkelminuten fortzubewegen. Diese scheinbare Bewegung beträgt 360° in 24 Stunden oder 15° in 1 Stunde oder 1° in 4 Minuten oder 1′ in 4 Sekunden. Also sind 1,716 Winkelminuten in 1,716 x 4 = 6,864 Sekunden zurückgelegt und das ist bei den zugrunde liegenden Werten die längste mögliche Belichtungszeit, um „scharfe Sterne" abzubilden. Die so berechnete Zeit gilt für Sterne am Himmelsäquator und das ist wichtig, weil die Gestirne je nach ihrem Winkelabstand vom Himmelsäquator (Dekli-

Als „Stern" werden wissenschaftlich korrekt nur selbstleuchtende Himmelsobjekte, wie unsere Sonne, bezeichnet. Alles andere sind Planeten, die uns nur deshalb als helle Punkte am Nachthimmel erscheinen, weil sie das Sternenlicht reflektieren.

nation) unterschiedlich weite Bahnen durchlaufen. Für uns bedeutet dies, daß wir je nach Ausschnitt des Himmels Sternbahnen mit unterschiedlich großen Radien auf dem Bild haben und die Belichtungszeit auf die Deklination und die verwendet Brennweite zuschneiden müssen (die Tatsache, daß längere Brennweiten die scheinbare Bewegung verstärken, haben wir ja schon weiter oben im Zusammenhang mit dem Mond kennengelernt).

Die Sterne – Zu viele Pünktchen, um sie zu zählen

Betrachten wir zur Erklärung Abb. 42. Anhand der Tagbögen der Sonne ist zu erkennen, daß diese in der dargestellten Lage von Mitteleuropa (ungefähr 50° Nord) in jeder Jahreszeit gleichgroße Bahnen beschreibt, die den Horizont an einer jeweils leicht versetzten Stelle schneiden und die sich nur in der Größe des über dem Horizont liegenden Teils unterscheiden. Nördlich und südlich dieser Bögen finden wir darüber hinaus Bahnen, die so klein sind, daß sie zu jeder Zeit über dem Horizont liegen. Die Sterne auf diesen Bahnen, die nicht auf- oder untergehen, nennen wir **Zirkumpolarsterne**. Prominentestes Beispiel dieser Gattung ist der Polarstern, auch *Polaris* genannt, der den Himmelsnordpol ziemlich genau markiert, da er zu Beginn des 21. Jahrhunderts nur rund 0,8° von ihm entfernt steht und so einen für das unbewaffnete Auge kaum wahrnehmbaren Kreis zieht. In einigen hundert Jahren wird aber ein anderer Stern den Himmelsnordpol markieren, weil die Erdachse einer Drehbewegung, der sogenannten Präzession, unterworfen ist und so in rund 25800 Jahren einen vollständigen Kreis im Raum beschreibt. Astronomisch definieren sich die Zirkumpolarsterne als Himmelskörper, deren Deklination größer oder gleich dem Wert 90° minus der geographischen Breite des Beobachters ist, in unserem Fall also 90°-50° = 40°.

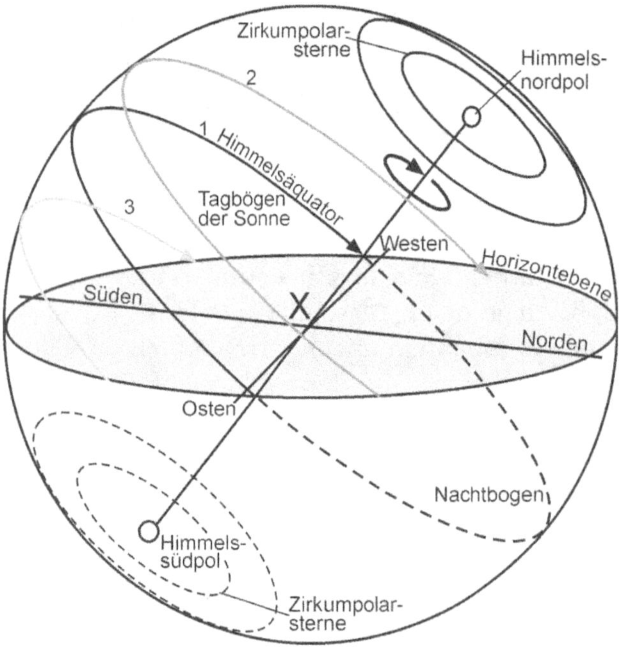

Die Sterne nahe des Himmelsäquators bewegen sich also auf einer größeren Bahn als die weiter von ihm entfernten und müssen so in einer gegebenen Zeit auch eine größere scheinbare Bewegung zurücklegen. Also müssen wir diesen Faktor strenggenommen auch bei der Berechnung der Belichtungszeit wie folgt berücksichtigen (das Winkelargument wird in Altgrad DEG in den Rechner eingegeben):

Abb. 42: Die Bewegungen der Gestirne

Sternenpunkte
Vorbereitende Berechnungen und ein wenig Astronomie

Formel 2

$$T = 240 * \tan(L/(E*F))/\cos D$$

T = Die maximale Belichtungszeit
L = Die Länge der längsten tolerierbaren Sternenbewegung in mm
E = Das Vergrößerungsmaß der Vorlage
F = Die Brennweite des verwendeten Objektivs in mm
D = Der Winkelabstand des Gestirns vom Himmelsäquator, die Deklination, in Grad

Sollte Ihnen, wie es oft der Fall ist, der Wert D nicht genau bekannt sein, so können Sie ruhigen Gewissens auf die Division durch den Cosinus von D verzichten oder gemäß der ersten Methode verfahren und erhalten dann die maximal zulässige Belichtungszeit für einen Stern am Himmelsäquator. Da die Bewegung der Objekte in diesem Bereich des Himmels (Deklination 0°) wie gesagt am größten ist, würde ich dazu raten die Berechnung immer in dieser Art vorzunehmen, um für den mit einem Weitwinkelobjektiv erfaßten großen Himmelsteil mit der resultierenden kürzeren Belichtungszeit „auf der sicheren Seite" zu sein. Die Tabelle 5 gibt Anhaltspunkte bezüglich der Belichtungszeit für unbewegt abgebildete Sterne in Relation zu Brennweite und Deklination.

Längere Belichtungszeiten, die die Sterne trotzdem punktförmig abbilden sollen, erfordern es die Kamera der Erddrehung nachzuführen. Dies kann dadurch geschehen, daß sie direkt auf einen elektrisch angetriebenen Schlitten oder huckepack auf ein entsprechend ausgestattetes Teleskop (äquatoriale Montierung) gesetzt wird. In einfacherer Ausführung können solche Plattformen durchaus selbst ge-

Der Winkelabstand von Himmelsnord- und -südpol über dem Horizont, die beide in der Verlängerung der Rotationsachse der Erde liegen, entspricht der geographischen Breite des Beobachters, in unserem Beispiel also 50°.

baut werden. Dazu werden zwei über ein Scharnier verbundene Holzplatten über eine Schraube so auseinandergedrückt, daß sie der Erdbewegung folgen, wenn das ganze Werk genau auf einen der Himmelspole ausgerichtet ist. Mit einer solchen Einrichtung können Belichtungszeiten von immerhin 10 bis 15 Minuten realisiert werden, ohne daß die Sterne Strichspuren hinterlassen. Bauanleitungen für solche *Barndoor Tracker* oder *Scotch Mount* genannten Geräte finden Sie im Web unter diesen Suchworten zuhauf.

Die Sterne – Zu viele Pünktchen, um sie zu zählen

Ist Ihnen bis hierher was aufgefallen? – Richtig. Blendeneinstellung und Filmempfindlichkeit finden keinerlei Erwähnung. Da schaut man erstmal sparsam, aber bis hierhin sind diese Einstellungen noch nicht relevant, denn sie stehen in keinem Zusammenhang zur Fixierung der Sterne gegen die Erddrehung. Sie entscheiden vielmehr nur über deren Helligkeit im fertigen Bild. Je größer die Blende und je empfindlicher der Film ist, umso heller die Abbildung der Sterne beziehungsweise umso mehr schwächerleuchtende Sterne werden abgebildet.

Daß sich die Sterne in ihrer **scheinbaren Helligkeit** (scheinbar, weil sie aufgrund ihrer unterschiedlichen Entfernungen verschieden hell erscheinen) unterscheiden, stellte schon der griechische Astronom Hipparch vor mehr als 2000 Jahren fest. Entsprechend seiner Wahrnehmung teilte er die Punkte am Himmel in Größenklassen ein und nannte der hellsten Sterne „Sterne 1. Größe" und die schwächsten, die er (und auch wir) gerade noch mit dem bloßen Auge sehen konnte, „Sterne 6. Größe". An Stelle des Begriffs Größenklasse steht heute oft Magnitude oder abgekürzt mag. Über die Jahrhunderte wurde diese Helligkeitseinteilung immer weiter verfeinert. Nach der Erfindung des Teleskops musste die Skala beispielsweise über die 6. Größe hinaus erweitert werden, weil es auch die zu Anfang noch bescheidenen Geräte gestatteten, schwächer leuchtende Sterne zu erkennen. Die schwächsten Sterne, die man mit modernen Großteleskopen beobachten kann, haben eine Helligkeit der 30. Größenklasse. Diese Geräte führten auch zu der Erkenntnis, daß die hellsten Sterne am Himmel und einige Planeten heller sind als die 1. Größe, weswegen die 0., -1. -2. usw. Größe eingeführt wurde. Der hellste Stern am Nachthimmel ist Sirius mit -1.46 mag. Jupiter und Mars können es unter günstigen Bedingungen auf -2,8 mag bringen und Venus kann -4,4 mag erreichen. Der Vollmond schafft es auf -12,7 mag und die Sonne erreicht -26,8 mag. Die exakten Messmethoden des 20. Jahrhunderts brachten darüber hinaus die Erkenntnis, daß die Größenklasse keine willkürliche Einheit ist. Man fand heraus, daß zwei Sterne A und B, deren Helligkeit sich um genau eine Größenklasse unterscheidet, sich in ihrer Strahlungsintensität um einen Faktor 2,512 unterscheiden. Ist Stern A zwei Größenklassen heller als Stern B, so unterscheiden sich ihre Strahlungsintensitäten um den Faktor 2,512 x 2,512 = 6,310.

Da die Sterne aber punktförmige Lichtquellen sind, deren Licht sich mit zunehmender Verlängerung der Brennweite nicht ausbreitet, spielt die Blendenzahl im Gegensatz zu den aus-

| Tabelle 5 Brennweiten, Sternhöhen und Belichtungszeiten ||||
Brennweite	Sterne nahe dem Himmelsäquator	Sterne bei 45° Deklination	Sterne nahe dem Himmelsnordpol
18 mm	45 sec	60 sec	120 sec
28 mm	25 sec	40 sec	90 sec
50 mm	12 sec	20 sec	45 sec
135 mm	5 sec	7 sec	16 sec

gedehnten Objekten unseres Alltags eine eigentlich nur untergeordnete Rolle. Was wirklich zählt, ist ihr wirksamer Durchmesser, der sich aus dem Verhältnis zur Brennweite ergibt:

Formel 3

$$d = f/k$$

d = Blendendurchmesser
f = Brennweite
k = Blendenzahl

So besitzt ein 1:2,8/28 mm Objektiv nur einen größten wirksamen Blendendurchmesser von 10 mm (28 : 2,8), ein 1:2,8/135 mm dagegen einen von 48,2 mm (138 : 2,8). Eine kürzere Brennweite muss also lichtstärker sein oder zusammen mit höher empfindlichem Film eingesetzt werden, um im Hinblick auf die Helligkeit der Sterne dieselbe Abbildungsleistung zu erreichen wie eine Optik längerer Brennweite.

Praktisch bedeutet dies, daß wir A) mit Filmempfindlichkeiten von mindestens ASA 400 (je empfindlicher desto heller die abgebildeten Objekte. Material mit ASA 3200 zeigt auch noch recht feine Nebel) und in jedem Fall mit offener Blende arbeiten und B) daß es uns, sofern alle anderen Variablen gleich bleiben, die Verdoppelung der Empfindlichkeit beziehungsweise das Öffnen der Blende um 1 Stufe gestattet Sterne abzubilden, die um rund 1 Größenklasse schwächer leuchten.

Dann wäre da in diesem Zusammenhang noch der Effekt, daß hellere Sterne auf einem Photo größer erscheinen als schwächer leuchtende. Dies ist keine Einbildung, sondern hat handfeste Gründe. Zunächst einmal überträgt selbst das schwerste und stabilste Stativ immer ein gewisses Maß an Vibration, die den Lichtpunkt etwas um den zentralen Punkt herum bewegt. Zum zweiten wird das Licht in der Erdatmosphäre gestreut und trifft so nicht vollständig auf denselben Punkt des Bildträgers, der dadurch ein wenig vergrößert wird. Und zum dritten va-

Die Sterne – Zu viele Pünktchen, um sie zu zählen

Abb. 43: Sternenhimmel, Pinpoint Stars

Abb. 44: Landschaft mit Pinpoint Stars

gabundiert das Licht auch innerhalb der empfindlichen Schicht des Films umher und belichtet so Silberkeime, die leicht daneben liegen. Dies ist als Halation bekannt und spezielle Schutzschichten beugen ihr weitgehend, aber eben nicht völlig vor.

Sternenspuren – Startrails

Nachdem wir bis zu diesem Punkt soviel Energie darauf verwandt haben die scheinbare Bewegung der Sterne im Bild zu verhindern, wollen wir sie uns nun als aktiv gestaltetes Element einer Aufnahme zunutze machen. Wie wir gelernt haben beginnen die Sterne bereits nach sechs bis acht Sekunden Belichtungszeit eine für uns allerdings noch nicht sichtbare Spur ihrer scheinbaren Kreisbewegung zu hinterlassen. Wir brauchen also eigentlich nur ein gut mit sichtbaren Sternen durchsetztes Stück Himmel auszuwählen und auf niedrigempfindlichem Material (ASA 50 oder 100) eine Langzeitbelichtung von 30 bis 180 Minuten (je länger, desto vollständiger die Abbildung der Kreisbewegung) bei offener Blende (2,0 oder 2,8) zu machen. Mit Material höherer Empfindlichkeit können Sie ruhig ein oder zwei Stufen weiter abblenden. Da die Lichtpunkte natürlicherweise gegeneinander versetzt sind, ist sichergestellt, daß der Bildausschnitt gut gefüllt ist und so lange es völlig dunkel ist brauchen wir uns auch nicht um Überbelichtung zu sorgen. Da die Startrails normalerweise ein abrundendes, schmückendes Element der Aufnahme sind, wird in der Regel eine Weitwinkelbrennweite zwischen 18 und 35 mm zum Einsatz kommen, die genügend Raum für Vordergrundelemente läßt und diese mit der ihr eigenen relativ großen Tiefenschärfe auch scharf abbildet. Natürlich sollte das Objektiv auf unendlich eingestellt sein und um Blackouts zu vermeiden, ist es ratsam, wenn die Kamera den Verschluß bei den je nach Situation sehr langen Belichtungszeiten entweder mechanisch betätigt oder über eine batterieschonende T-Einstellung verfügt. Digitale Kameramodelle sind in dieser Hinsicht übrigens sehr viel kritischer, denn ihre Bildsensoren sind wahre Energieschlucker und konsumieren umso mehr, je länger die Belichtung dauert. So viel zu den Basics, aber wir wollen es natürlich wie immer noch genauer wissen. Sofern Ihre Kamera darüber verfügt, benutzen Sie die Möglichkeit den Spiegel zu verriegeln, um den Vibrationen vorzubeugen, die entstehen, wenn er bei der Belichtungsauslösung hochklappt.

Belichtung und Technik

Um zunächst zu bestimmen, wie lange wir den Verschluß offen halten müssen, um eine bestimmte Länge der Sternenspur zu erreichen, können wir auch hier eine Formel zu Rate ziehen. Die richtige Belichtungszeit ergibt sich wie folgt:

Formel 4

$$\frac{\text{Angestrebte Länge der Spur in mm}}{\text{Brennweite in mm} * 0{,}00007}$$

Der Wert gilt wiederum für Sterne am Himmelshorizont, also mit einer Deklination von 0°, an dem die Bewegung und der resultierende Bogen am größten ist. Für andere Deklinationen multiplizieren Sie die Länge und teilen Sie die Belichtungszeit mit/durch die in Tabelle 6 angegebenen Cosinuswerte der entsprechenden Winkel.

Die eingestellte **Blende** entscheidet, wie aus dem vorangegangenen Abschnitt bereits bekannt, zum einen über die Helligkeit der Sterne beziehungsweise darüber, Sterne welcher Helligkeit abgebildet werden, und zum anderen über die Breite der individuellen Strichspur und die Farbe des Himmels. Große Öffnungen (1,8 bis 3,5) ergeben eine Spur mit guter Breite aber eher weicher Kante und einen mehr blauen oder in der Nähe größerer Städte auch orange-gelben Himmel. Mittlere Öffnungen (4,0 und 5,6) führen zu geringerer Breite aber schärferer Wiedergabe der Sternenspur und sorgen für einen insgesamt recht dunklen Himmel.

Die Farbe und Helligkeit des Himmels führt uns an dieser Stelle zu

Die Sterne – Zu viele Pünktchen, um sie zu zählen

Tabelle 6 Deklinationen u. Cosinuswerte	
Deklination	**Cosinus / Faktor**
10°	0,98
20°	0,93
30°	0,86
40°	0,75
50°	0,64
60°	0,50
70°	0,34
80°	0,18
85°	0,10

einem in gleichem Maße für unsere gesamte nächtliche Arbeit relevanten Thema, der **Lichtverschmutzung**. Jede urbane Aktivität geht heute mit einer Vielzahl verschiedener Lichtquellen einher, deren Strahlen einer diffusen Nebelglocke gleich über unseren Städten steht und den Nachthimmel manchmal bis zur Unkenntlichkeit erhellt. Dieser „Lichtschmutz" ist unser Feind, denn er überstrahlt schwach leuchtende Objekte am Himmel, mindert den Kontrast und sorgt durch den Schwarzschildeffekt analoger Filme für hässliche Farbstiche. Da wir schlecht den Hauptschalter einer Großstadt umlegen können, um für gute Aufnahmebedingungen zu sorgen, müssen wir eine andere Vermeidungsstrategie wählen. Die Einfachste ist, eine einigermaßen weit von der nächsten Stadt entfernte Aufnahmeposition zu suchen und zu einem Zeitpunkt nahe dem Neumond zu arbeiten oder die Kamera auf ein Stück Himmel zu richten, in dem der Mond nicht erscheinen wird (je nach Jahreszeit und Mondphase geht er zwischen Nordosten und Südosten auf und zwischen Nordwesten und Südwesten unter), denn auch das Mondlicht erhellt den Himmel. Gebietet das auserwählte Motiv aber einen Standort nahe der Zivilisation, so müssen wir die Technik bemühen und Abblenden oder kurz Belichten, was aber die Wiedergabe der Sterne und ihrer Spuren beeinträchtigt. Die kompromissloseste Lösung ist der Einsatz eines sogenannten *Breitband Light Pollution Reduction Filters* aus der beobachtenden Astronomie. Solche, allerdings sehr kostspielige, Filter blockieren das Licht herkömmlicher Quecksilber- und Natriumdampflampen, die als Straßenbeleuchtung für den Hauptteil der städtischen Lichtverschmutzung verantwortlich sind. Zu beziehen sind sie über Fachhändler wie die *Astrocom GmbH* (3), den *Teleskop-Service Ransburg GmbH* (4) oder auch die Fa. *Lumicon* (5). Neben der beschriebenen, von uns Menschen gemachten, Lichtverschmutzung haben wir es darüber hinaus aber noch mit einer natürlichen Abart, dem sogenannten „Himmelsglühen" zu tun.

Sternenspuren – Startrails
Belichtung und Technik

Dies rührt daher, daß die Atome in den dichteren niedrigen Luftschichten während des Tages vom Sonnenlichts angeregt werden und die so absorbierte Energie über die Nachtstunden wieder in Form von sichtbarem Licht abgeben. Auch die Beeinträchtigung durch das Himmelsglühen können wir mit speziellen *SkyGlow Filtern* in Grenzen halten.

Wie auch immer, eine Grundvoraussetzung sollte die Nacht immer erfüllen: In jedem Fall sollte der Himmel sternenklar sein, denn vorbeiziehende Wolken verursachen Löcher in den Sternenfeldern und den Sternenbögen.

Ein weiteres Problem der nächtlichen Langzeitphotographie ist die **Kondensation von Tau** auf dem Equipment, vor allem auf der Frontlinse der Optik, da die Gerätschaften Wärme an die Umgebungsluft abgeben. Ein beschlagenes Objektiv nimmt aber keine scharfen Lichtpunkte oder -bögen mehr auf, sondern erzeugt höchstens verwaschene Abbildungen. Um die Kondensation zu verhindern, können wir den nur eine Umdrehung aufgeschraubten UV-Filter zwischendurch abnehmen und abwischen, was aber meistens mit einer Erschütterung der Kamera verbunden ist, oder durch Ausnutzung der Physik vorbeugen. Da die abgegebene Wärme das Bestreben hat nach oben zu steigen müssen wir das Aufnahmegerät nach oben bedecken. Dies geht entweder mit einer auf die Optik gestülpten Taukappe (einer langen und sehr weiten Röhre aus Pappe, Styropor oder einem anderen isolierenden Material, zu beziehen wiederum über den Teleskop-Fachhandel), die unter ungünstigen Umständen aber das Sichtfeld des Objektivs abschatten kann oder in dem wir (jetzt nicht lachen!) einen Regenschirm aufspannen und über die Kamera halten und zusätzlich für ein gewisses Maß an Luftzirkulation sorgen. Für diejenigen, die es noch technischer lieben, gibt es aber auch elektrische Heizsysteme. Die Fa. *Kendrick* (6) stellt solche beispielsweise als Zubehör für Teleskope her, aber ich würde sie nur an rein manuellen Kameras verwenden, da die angelegte schwache Spannung unter Umständen die „Bordelektronik" beeinträchtigen könnte (*„Houston, wir haben ein Problem ..."*).

Bogen ist nicht gleich Bogen – Aussehen und Gestaltung der Startrails

Die zur Abrundung des Themas nötigen Exkursionen in die Astronomie haben uns bereits klar gemacht, daß die Sterne nördlich des Himmelsäquators um den Himmelsnordpol und die südlich des Himmelsäquators um den

89

Die Sterne – Zu viele Pünktchen, um sie zu zählen

Himmelssüdpol kreisen und dies in gegensätzlicher Richtung, also von Ost nach West beziehungsweise West nach Ost, tun. Eine auf der Nordhalbkugel nach **Norden** gerichtete Aufnahme zeigt also um den Himmelsnordpol entgegen dem Uhrzeigersinn drehende aufwärtsgerichtete oder auch n-förmige Startrails und eine nach **Süden** blickende folgerichtig im Uhrzeigersinn abwärts drehenden Bögen, die das „n" in die andere Richtung schreiben. Geht der Blick nach **Westen** oder **Osten**, so präsentieren sich die Bahnen der Sterne als mehr oder weniger flache, gerade Linien. Je näher sie am Himmelsäquator liegen, umso gerader beziehungsweise weniger gekrümmt verlaufen sie. Zielen Sie so mit der Kamera nach **Nordosten** oder **Nordwesten, daß Sie den Himmelsnordpol nicht mit im Bild haben,** bekommen Sie Startrails in Form eines „u" dessen offener Teil in Richtung des Nordpols weist. Analog sieht's in Blickrichtung **Südosten** und **Südwesten** aus, nur zeigt die Öffnung hier natürlich zum Südpol. Um Sternenbahnen abzulichten die sowohl um den Nordpol als auch um den Südpol rotieren (die Bögen sind nach links und rechts offen und durch einige gerade Linien getrennt), müssen Sie sich nah am Äquator befinden, so bis 30°, 40° nördlicher/südlicher Breite sind OK, und die Kamera mit Weitwinkelobjektiv auf den Himmelsäquator ausrichten. Weil ein Bild aber mehr sagt als tausend Worte, illustrieren die Abb. 45-47 und 49-51 den Zusammenhang.

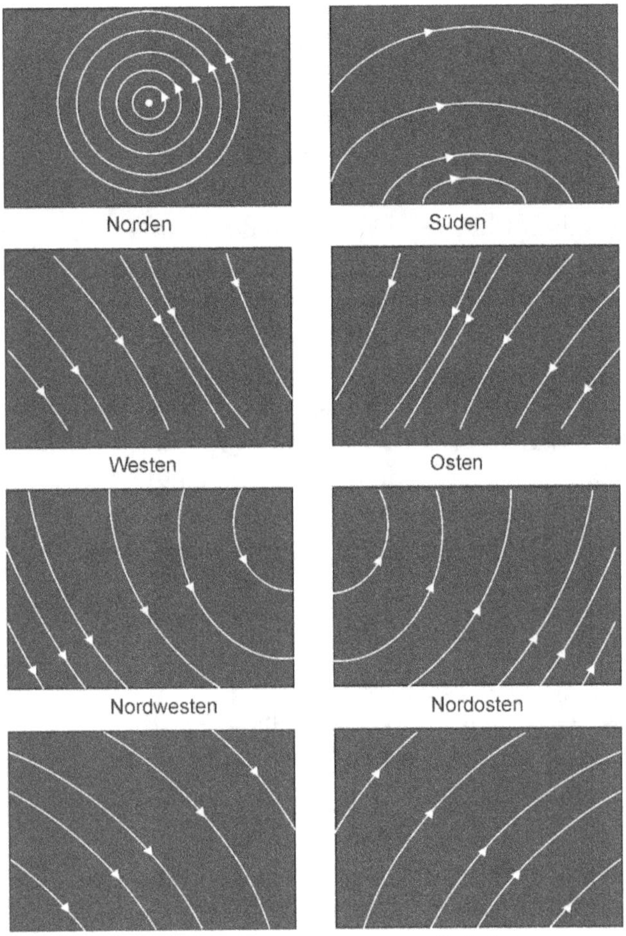

Abb. 45: Aussehen und Richtungen der Startrails

Sternenspuren – Startrails
Aussehen und Gestaltung der Startrails

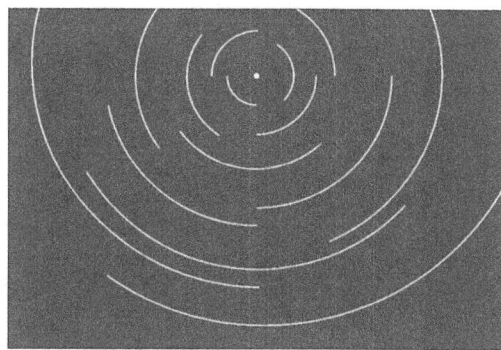

Abb. 46: Startrails und Himmelspol 1
Aussehen der Bögen in Mitteleuropa
(ca. 50° nördliche Breite

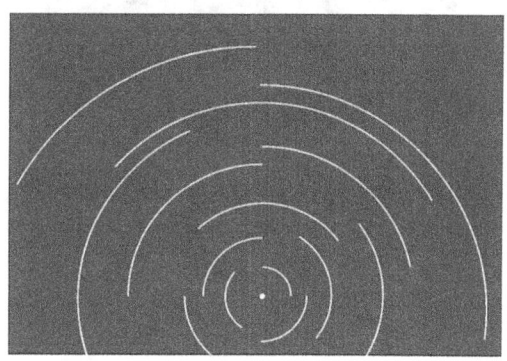

Abb. 47: Startrails und Himmelspol 1
Aussehen der Bögen in Zentral-Afrika
(ca. 20° nördliche Breite

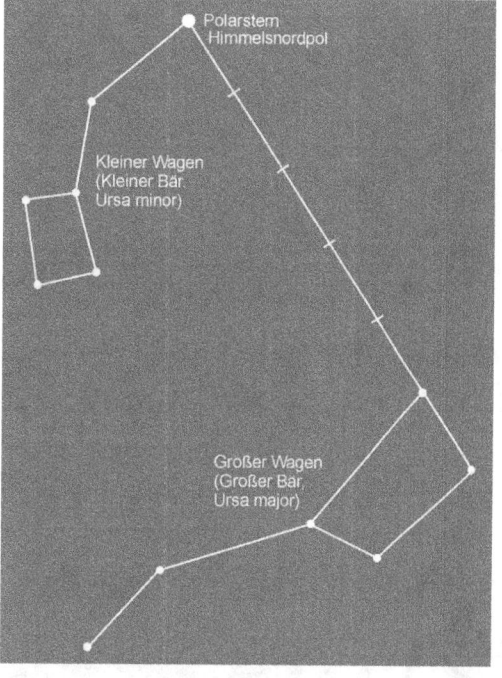

Abb. 48: Himmelsnordpol

Um sich die Bewegungsrichtungen für den Breitengrad Ihres Standorts zu vergegenwärtigen, können Sie eine Art „**Himmelstreifen**" anfertigen, indem Sie die Kamera im Abstand einzelner Bilder mit jeweils identisch langer Belichtungszeit vom nördlichen Horizont über den Zenit zum südlichen Horizont schwenken und die Aufnahmen später aneinander montieren.

Nun haben wir schon oft über die **Himmelspole** gesprochen, aber wo sie genau zu finden sind habe ich noch nicht verraten. Das will ich jetzt nachholen. Der **Himmelsnordpol**, um den sich die von der Nordhalbkugel aus sichtbaren Sterne linksherum zu drehen scheinen, wird in unserem Zeitalter nahezu genau vom Polarstern (*Polaris* oder auch *Nordstern*) markiert

Die Sterne – Zu viele Pünktchen, um sie zu zählen

Abb. 49: Startrails aufgenommen auf gut 35° Nord mit Blick auf den Himmelsäquator. Die Bögen sind nach oben und unten offen, in der Mitte ein paar gerade Startrails.

Abb. 50: Startrails aufgenommen auf gut 35° Nord mit Blick nach Süden. Die Bögen drehen im Uhrzeigersinn abwärts.

Abb. 51: Startrails mit Blick zum Himmelsnordpol (Bögen drehen um den Himmelsnordpol)

und dies ist der helle Endstern an der Deichsel des Sternbilds Kleiner Wagen, das oft auch als *Kleiner Bär* (*Ursa minor*) bezeichnet wird. Um ihn zu finden, orientieren wir uns am besten an dem auffälligerem *Großen Wagen* (auch *Großer Bär* oder *Ursa major*). Beide sind glücklicherweise zirkumpolar, gehen also nicht unter, und sind in den nördlichen Breiten ganzjährig am Himmel zu sehen. Die nach oben offene Seite des Wagens weist immer in Richtung Polaris und die fünffache Verlängerung der gedachten Verbindungslinie zwischen den zwei hinteren, hellen Wagensternen gibt ziemlich genau die Entfernung an. Kleine Hilfestellung für das Auffinden in den Jahreszeiten

Sternenspuren – Startrails
Aussehen und Gestaltung der Startrails

(Die Erde umrundet ja die Sonne und wechselt so ihre Position in Relation zu den Sternen): Im Frühjahr steht der *Große Wagen* auf dem Kopf über dem Polarstern, im Sommer mit nach oben zeigender Deichsel links neben ihm, im Herbst steht er, diesmal richtig herum, unter *Polaris* und im Winter mit nach unten weisender Deichsel rechts daneben (Abb. 52). Und natürlich beschreiben auch die Sternbilder zusätzlich zu dieser scheinbaren jahreszeitlichen Lageänderung aufgrund der Erddrehung auch noch die permanente scheinbare Drehbewegung (die für uns die Startrails erzeugt), so daß der Große Wagen die gerade beschriebenen Positionen während jeder Nacht einmal durchläuft (Abb. 53).

Der **Himmelssüdpol** ist leider nicht so leicht zu finden, denn er wird von keinem prominenten Stern markiert und natürlich kann er nur von der Südhalbkugel aus erahnt werden. Trotzdem, es gibt drei Hilfen: das *Kreuz des Südens* im hellen Band der Milchstraße, die *Kleine Magellansche Wolke* (KMW) und *Canopus*, den zweithellsten Stern am Südhimmel. Um den Pol mitten in dem ihn umgebenden dunklen Himmelsteil zu finden, verlängern wir den senkrechten Balken des Kreuzes gute fünfmal und bilden so eine gedachte Linie zur KMW. Die gedachte Senkrechte von

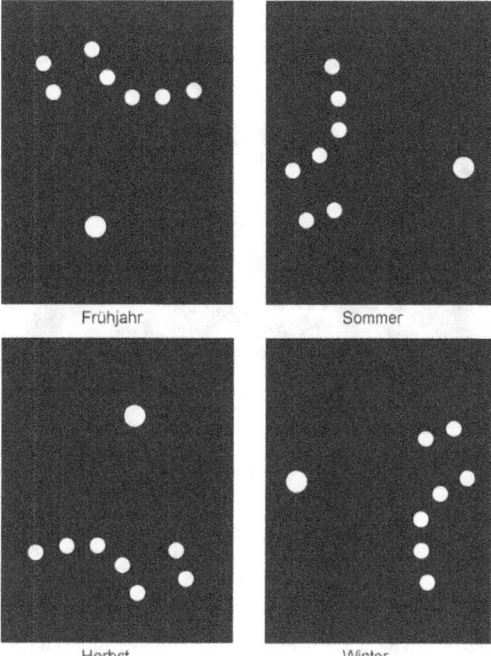

Abb. 52: Die scheinbare Bewegung des Sternbilds *Großer Wagen* übers Jahr

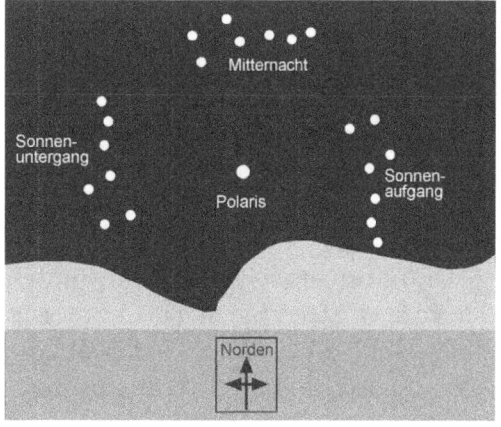

Abb. 53: Die scheinbare Bewegung des Sternbilds *Großer Wagen* in einer Nacht

Die Sterne – Zu viele Pünktchen, um sie zu zählen

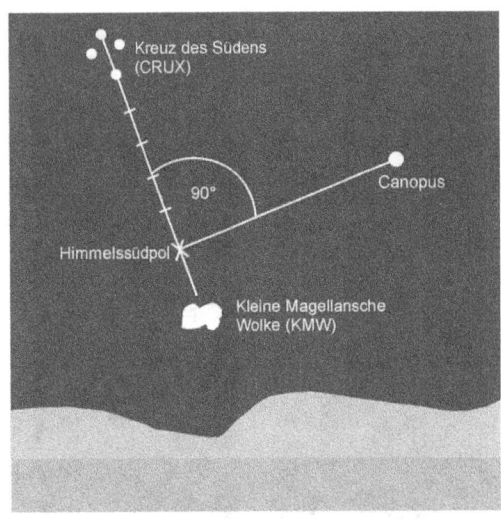

Abb. 54: Himmelssüdpol

Canopus auf diese Gerade schneidet dann an der Position des Südpols. Anders ausgedrückt liegt der Pol gute drei Faustbreiten vom *Kreuz des Südens* entfernt, rund eineinhalb von der KMW und vier Faustbreiten von *Canopus*. Für diese Konstellation gilt im Hinblick auf Ausrichtung und Drehbewegung natürlich dasselbe wie für die zuvor genannten, aber da sie den Südhimmel bevölkern, drehen sie sich rechts herum.

Und noch etwas ist zum Auffinden der Pole wichtig: Sie stehen immer in einer Höhe über dem Horizont, die der geographischen Breite der Beobachtungsposition entspricht. Nahe dem Äquator ist diese also gering und wenn wir die Kamera auf einen Pol richten und lange Belichten, wird die Aufnahme eine große Anzahl halbkreisförmiger Startrails zeigen die sich recht flach und beinahe senkrecht um diesen zentralen Punkt herum gruppieren. Weiter vom Äquator entfernt, in Mitteleuropa oder in Australien beispielsweise, erwecken die Bögen dagegen einen wirklich kreisförmigen Eindruck und wirken sehr viel perspektivischer.

Astronomischen Novizen leistet eine drehbare Sternenkarte übrigens gute Dienste beim Auffinden der genannten Sternbilder und für Trockenübungen am heimischen PC ist das Gratisprogramm *AstroViewer* zu empfehlen.

Kreative Ansätze und ein bißchen Schummelei

Da unter den technischen Vorgaben unserer Nachtphotographie unter Umständen kein Vordergrundobjekt mehr korrektbelichtet wiedergegeben werden kann, müssen wir von Zeit zu Zeit in die Trickkiste greifen, eben kreativ mit unseren Möglichkeiten umgehen. Schauen wir mal, was sich gestalterisch anbietet.

Unterbelichtete schwarze **Silhouetten**, je zackiger desto besser, eignen sich gut, um dem Vordergrund einer Sternen- oder Startrail-Aufnahme zu mehr Spannung zu

Sternenspuren – Startrails
Kreative Ansätze und ein bißchen Schummelei

verhelfen. In Frage kommen eine Hügelkette oder Baumreihe, ein markantes Gebäude, wie ein Observatorium oder vielleicht auch gleich die Skyline einer Großstadt. Auch die gerade noch erkennbare Felsformation vor dem schwach rot erleuchteten Abendhimmel ist ein dankbares Motiv. Speziell für Startrails bietet sich auch eine **Wasserfläche**, je größer desto besser, an, um die Sternenbögen in einer windstillen Nacht zu reflektieren. Leider verliert sich das Spiegelbild aber schon mit dem Aufkommen jeder leichten Brise.

Soll das Vordergrundobjekt dagegen vor dem Nachthimmel klar und deutlich zu erkennen sein, haben wir grundsätzlich drei Möglichkeiten. Erstens können wir es in einer **Doppelbelichtung** einfügen, zweitens läßt es sich aus einer separaten Aufnahme „**sandwichen**" oder **digital montieren** und drittens kann es mit **zusätzlichem Licht** belichtungstechnisch „in die Reihe gebracht werden". **Möglichkeit eins**: Orientieren Sie die Belichtung der ersten Aufnahme dazu an der hellsten Stelle gleich über dem Horizont und belichten Sie um eine Stufe unter. Sobald die Sterne sichtbar sind, führen Sie dann die zweite Aufnahme als Langzeitbelichtung aus. **Möglichkeit zwei**: In den guten alten Zeiten der rein analogen Photographie wurden zwei Bilder „gesandwiched", um etwas einzufügen. Das heißt es wurden zwei separate Bilder aus identischer Position aufgenommen. Das erste Bild bei Tag mit erkennbarem Vordergrund und einem um gut zwei Stufen überbelichtetem Himmel, damit dieser keine erkennbaren Details mehr zeigt, und ein weiteres bei Nacht, das den wie auch geartetem Sternenhimmel zeigt. Beide Bilder wurden dann in einem Rahmen passgenau übereinandergelegt und zusammen kopiert, eben gesandwiched. In unseren heutigen digitalen Photoshop-Zeiten entfällt zwar die Fummelei mit den echten Aufnahmen, der Vorgang aber ist ungefähr derselbe geblieben. **Möglichkeit drei**: Kleinere Motive können Sie mit dem für ein bis zwei Minuten eingeschalteten Abblendlicht eines PKW oder mit dem leichter über das Objekt zu schwenkenden Lichtkegel einer guten Taschenlampe aufhellen. Für einen ausgedehnteren Vordergrund bietet sich dagegen das Blitzgerät an, das auf 100 % Leistung und fünf bis zehn Metern Entfernung aus unterschiedlichen Positionen mehrfach abgefeuert für eine weiche natürliche Beleuchtung sorgt. In jedem Fall gilt: Experimentieren ist Pflicht!

6 Wie die Geometrie für ein gutes Photo arbeitet

Inhalt

Astronomie als Dienstleister
Der Kompass
Der Neigungsmesser
Wir orientieren uns an einem real vor uns liegender Ort
Wir orientieren uns an einem auf der Karte vor uns liegender Ort
Die elektronischen Helfer

Wie wir die Geometrie für ein gutes Photo arbeiten lassen können

Astronomie als Dienstleister

Nun haben wir eine Menge über die grundsätzlichen Gegebenheiten am Himmel gelernt, aber es fehlt uns noch das Rüstzeug, sie praktisch in gute Bilder umzusetzen.

Normalerweise bewegen wir uns selbst, um die Sonne oder den Mond in einer gegebenen Situation in Relation zu einem anderen Objekt am Boden im Bild zu platzieren. Je näher der Vordergrund dabei liegt, umso leichter fällt dies. Bei Entfernungen bis zu ein paar hundert Metern genügen wenige Schritte zur Seite, damit sich die Sonne um einen oder mehrere ihrer Durchmesser bewegt. Dabei ist es auf jeden Fall nützlich, zu wissen in welche Richtung sich die Sonne bewegt. Auf der Nordhalbkugel wandert sie mit ihrem Aufgang nach Süden und mit ihrem Untergang nach Norden. Auf der Südhalbkugel ist dies umgekehrt. Der Weg, den sie dabei nimmt, verläuft zum Frühjahrs- und Herbstanfang als gerade Linie und neigt sich mit dem Sommer stärker nach Norden bzw. mit dem Winter stärker nach Süden. Um eine direkte Vorstellung von diesen Bahnen zu bekommen, können Sie eine Startrail-Aufnahme machen, die auf den westlichen bzw. östlichen Horizont ausgerichtet ist. Die Sonne nimmt zur entsprechenden Jahreszeit denselben Weg wie die Sterne, wenn sie den jeweiligen Himmelsabschnitt durchläuft. Mit einem weiter entfernten Vordergrund ist schwieriger umzugehen, denn bei Entfernungen von einigen Kilometern müssen Sie schon mehrere hundert Meter zurücklegen, um die Sonne um einen ihrer Durchmesser zu bewegen.

Aber dies ist eine *Trial-and-Error-Methode* und hängt zum großen Teil von jenem Zufall und auf Zufälle wollen wir uns nicht unbedingt immer verlassen – **„Luck favours the prepared mind"** hat Galen Rowell einmal geschrieben, und das soll unser Anspruch sein. Wir wollen also *vorher* wissen, wann und wo die Sonne, der Mond oder eine bestimmte Sternenkonstellation am Himmel erscheinen wird. Die wichtigsten Angaben, die wir dazu brauchen, sind unsere **geographische Position** auf der Erdoberfläche als Längengrad und Breitengrad, **die Himmelsrichtung** in Form des Azimut-Winkels und **die Höhe des Gestirns** über dem Horizont in Grad. Zu der ersten Angabe verhilft uns eine Landkarte, ein GPS-Gerät oder *Google Earth*. Eine Genauigkeit von 1° ist für unsere Zwecke völlig ausreichend. Die zweite Angabe beziehen wir von einem Kompass, die dritte von einem Neigungsmesser (Klinometer) oder ersatzweise auch der Faust am ausgestreckten Arm (wir kommen darauf zurück!).

Der Kompass

Der **Magnetkompass** ist wahrscheinlich eine mehr als 2000 Jahre alte Erfindung der chinesischen Hochkultur und damit eins unserer ältesten Hilfsmittel zur Richtungsbestimmung. Er nutzt die Tatsache, daß unsere Erde im Prinzip ein gewaltiger Magnet mit einem magnetischen Nord- und Südpol ist, zwischen denen ein Magnetfeld steht.

Entlang der Feldlinien dieses Magnetfeldes richtet sich die Magnetnadel aus und zeigt uns so die **magnetische Nordrichtung** an (abgekürzt MaN und international auf Karten mit einer Magnetkompassnadel gekennzeichnet). Da der Dipol im Erdinnern um 11,4° gegen die Rotationsachse der Erde geneigt ist, weicht dieser **magnetische Nordpol** vom **geographischen Nordpol** ab (dem Punkt, in dem alle Längengrade des geographischen Koordinatensystems zusammenkommen, abgekürzt GeN und international mit einem Stern gekennzeichnet).

Die Namen der vier Haupthimmelsrichtungen entstammen der nordischen Mythologie, derzufolge die Zwerge *Oster*, *Norder*, *Wester* und *Soder* das aus dem Schädel des vom Gott *Odin* erschlagenen Riesen *Ymir* gebildete Himmelsgewölbe tragen.

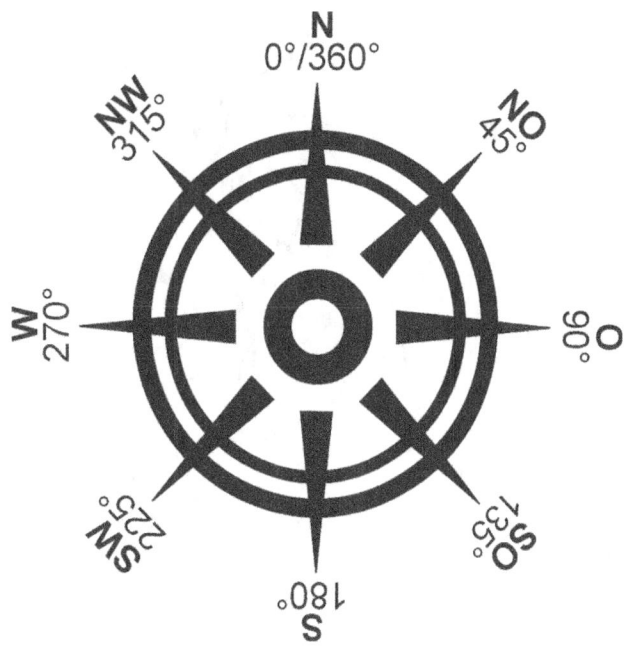

Abb. 56: Die Kompassrose mit den Haupthimmelsrichtungen und entsprechenden Gradangaben

Wie wir die Geometrie für ein gutes Photo arbeiten lassen können

Unser Kompass zeigt uns also nicht ohne weiteres die richtige Nordrichtung an, die wir brauchen, um uns draußen anhand einer Karte oder anderer geographischer Maßgaben zu orientieren. Diese Abweichung wird als **Magnetkompassfehlweisung** (MgFw) bezeichnet und setzt sich aus mehreren Komponenten zusammen, die wir kennen, beachten und korrigieren müssen. Zunächst hätten wir da eben die als **Deklination** bezeichnete Abweichung zwischen magnetischer und geographischer Nordrichtung, die je nach Position auf der Erde unterschiedlich ist und sich ständig ändert.

Die lokale Größe der Abweichung können wir den meisten topographischen Karten entnehmen und um sie müssen wir unseren Kompass korrigieren. Dies geht bei einfacheren Modellen, indem wir den Wert zu der Anzeige addieren oder subtrahieren. Aufwendigere Exemplare lassen sich über eine Stellschraube angleichen. Glücklicherweise ist die Deklination in Mitteleuropa mit <2° so gering, daß wir sie für normale Orientierungszwecke vernachlässigen können. In

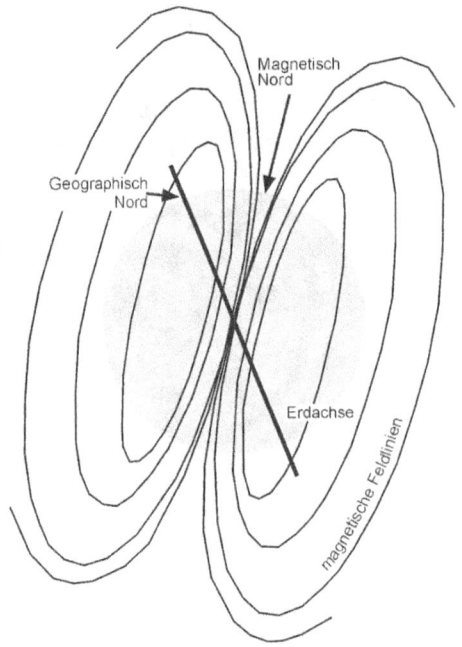

Abb. 54: Magnetische Feldlinien und Deklination

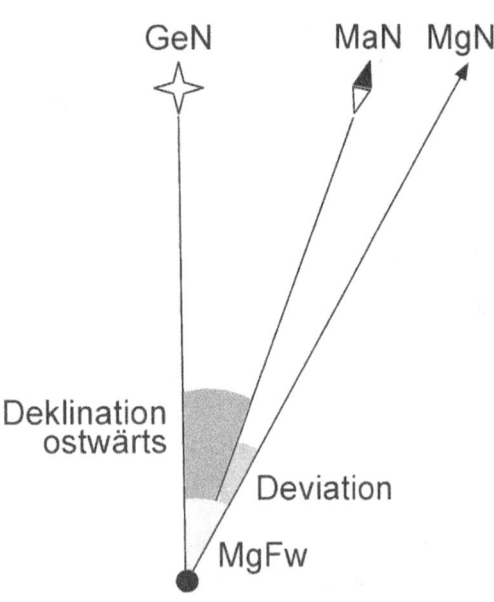

Abb. 55: Magnetkompassfehlweisung

Kanada kann sie aber durchaus 20° und mehr betragen. Dann gilt es zu beachten, daß die Feldlinien des Erdmagnetfeldes nicht horizontal, sondern geneigt verlaufen. Diese Neigung beträgt an den magnetischen Polen 90°, in Mitteleuropa rund 65° und am magnetischen Äquator 0° und wird als **Inklination** bezeichnet. Manche Kompasshersteller tragen ihr für die Nordhalbkugel Rechnung, indem sie die Südhälfte der Nadel etwas schwerer ausführen als die Nordhälfte, was den Nachteil hat, daß das Gerät dann auf der Südhalbkugel nicht verwendet werden kann. Wird eine Benutzung in beiden Hemisphären in Betracht gezogen, so sollte zu einem Kompass mit auswechselbarer Nadel gegriffen werden. Als letzte wesentliche Fehlerquelle ist die als **Deviation** oder **Ablenkung** (Abl) bezeichnete Störung des Erdmagnetfeldes durch zusätzliche magnetische Felder zu nennen. Sie wird zum Beispiel durch große unterirdische Erzlagerstätten, Hochspannungs-, Radar- oder Fernmeldeanlagen, stromführende Leitungen, Stahlbetonbauten, Gittermasten oder elektrische Anlagen hervorgerufen. Zu diesen Störquellen sollte ein Abstand von mehreren hundert Metern eingehalten werden, um eine Ablenkung der Kompassnadel zu vermeiden. Bei Kraftfahrzeugen oder batteriebetriebenen Geräten genügen dagegen schon rund 5 Meter.

Aber genug der theoretischen Vorrede und zu dem, wofür wir den Kompass tatsächlich einsetzen wollen, der **Bestimmung der Himmelsrichtung**. Die Kompassrose, sozusagen das Zifferblatt des Geräts, zeigt uns mit N (Norden), S (Süden), W (Westen) und O (Osten) die vier Haupthimmelsrichtungen an, die je nach Modell weiter unterteilt sind.

Darüber hinaus, und das ist für uns relevant, zeigt sie darunter Gradzahlen an, die von Norden ausgehend im Uhrzeigersinn von 0° bis 360° zählen. 90° entspricht demzufolge der Ostrichtung, 180° der Südrichtung und 270° der Westrichtung. 0° und 360° fallen im Norden zusammen. Dies System hat man erdacht, weil sich die Bezeichnungen der vier Haupthimmelsrichtungen nicht rechnerisch verarbeiten lassen. Ein Grad dieser Skala wird weiter unterteilt in 60 Minuten (') und eine Minute entspricht wiederum 60 Sekunden (''). Diese Zahlenwerte geben den **Azimut-Winkel** an, eben den von Norden her in der Horizontalen gemessenen Winkel.

Wie wir die Geometrie für ein gutes Photo arbeiten lassen können

Der Neigungsmesser

Da sich die Höhe eines Objekts am Himmel schlecht schätzen läßt, verwenden wir zur Bestimmung dieser Größe einen Neigungsmesser (Klinometer). Um ein für unsere Zwecke ausreichend genaues Gerät selbst anzufertigen, brauchen wir nicht mehr als einen halbkreisförmigen 180° Winkelmesser und ein 20 cm langes Lineal, dessen Mitte wir entlang der langen Seite mit einem feinen Strich kennzeichnen. Das Lineal wird mit Hilfe einer kleinen Schraube so im Zentrum des Winkelmessers befestigt und am unteren Rand mit beispielsweise zwei Magneten etwas beschwert, daß es sich frei dreht und von allein senkrecht ausrichtet. Auf diese Art gestattet es uns, den Höhenwinkel ohne Zuhilfenahme des Horizonts zu bestimmen (der Zenit, der Scheitelpunkt des Himmels, liegt immer genau 90° über dem Horizont). Und so ersparen wir uns eine Menge Kopfzerbrechen, denn schon der Begriff des Horizonts sorgt immer wieder für Mißverständnisse und auch rein physisch ist seine Ebene oft schwer zu bestimmen, weil er regelmäßig von Bergen, Hügeln oder hohen Gebäuden verdeckt wird.

Im alltäglichen Sprachgebrauch meinen wir mit dem **Horizont** in der Regel die äußerste Grenze unserer Sichtweite an der Himmel und Erde verschmelzen. Und das trifft es übertragen auf die etwas verquaste Sprache der Geometrie recht gut, denn dort definiert sich **der sichtbare, scheinbare oder auch lokale Horizont** als der Kreis um einen beliebigen Beobachter, dessen Ebene sich senkrecht zum jeweiligen Standort verhält und der die sichtbare Erde vom Himmel abzugrenzen scheint. Vernachlässigen wir die Lichtbrechung in der Atmosphäre und idealisieren die Erde als perfekte Kugel, so können wir die Entfernung zwischen Beobachter und Horizont näherungsweise wie folgt berechnen:

Formel 5

$$D = 3{,}843\,km * \sqrt{H}$$

D = Entfernung zwischen Beobachter und Horizont
H = Höhe über der Erdoberfläche in Meter

Als Anhaltspunkte mögen folgende Aussichtsweiten gelten: 27 km bei 50 m Höhe, 38 km bei 100 m Höhe und 120 km bei 1000 m Höhe. Der **echte Horizont** ist dagegen ein zum sichtbaren Horizont paralleler Großkreis, der die Erde in ihrem Mittelpunkt schneidet. An ihm orientiert sich die Software, die wir im Folgen-

Der Neigungsmesser

den benutzt werden, um erdgebundene Koordinaten zu erzeugen, die dann wiederum über die von uns eingegebenen Längen- und Breitengrade in ein lokales System übertragen werden. Unsere Beobachtungshöhe über dem Meeresspiegel spielt in diesem Zusammenhang nur dann eine Rolle, wenn wir eine Genauigkeit im Bereich von Winkelminuten oder -sekunden anstreben. – Ein Ziel, das wir mit dem wahrscheinlich eingesetzten Handkompass und dem selbstgebauten Neigungsmesser nicht anpeilen können und für unsere Zwecke auch gar nicht anzupeilen brauchen. Wir messen Näherungswerte, aber das genügt, um uns einen nicht zu unterschätzenden Vorteil zu verschaffen.

Um nun den **Höhenwinkel** zu bestimmen, peilen Sie über die gerade Seite des Winkelmessers und fixieren das Lineal mit zwei Fingern, wenn es sich ausgependelt hat. Der Wert auf der Skala unter der Mittel-Markierung ist der angestrebte Höhenwinkel. Beim Ablesen müssen Sie aber beachten, daß der Neigungsmesser den Winkel anzeigt, um den die Peilung *unter* dem Zenit liegt. Die exakte Senkrechtstellung des Lineals bei 90° spiegelt also die Ebene des Horizonts und entspricht einem Höhenwinkel von 0°, die Parallelstellung von Lineal und Winkelmesser bei 0° weist dagegen auf den Zenit und entspricht analog einem Höhenwinkel von 90°. Eine gemessene Position von 60° befindet sich demzufolge um 90°- 60° = 30° über dem Horizont.

Wie eingangs erwähnt, können wir den Höhenwinkel „über den Daumen" auch mit unserer Faust bestimmen. Am waagerecht ausgestreckten Arm vor uns gehalten entspricht die Höhe der Faust ungefähr 10° Höhenwinkel. Aber zur Sicherheit sollte dieser Wert mit dem des Klinometers verglichen werden, denn schließlich sind wir alle ein wenig unterschiedlich gebaut.

Aber ganz egal wie Sie vorgehen, sollten Sie einmal den Höhenwinkel der Sonne direkt messen wollen, so schauen dabei auf keinen Fall direkt in die Sonne! Schützen Sie ihre Augen vielmehr mit einem der preiswerten Glaseinsätze, die auch die Schweißer in Ihren Schutzschilden verwenden. Das dunkelste Glas mit der größten Kennzahl ist gerade gut genug.

Nun haben wir alle Angaben dazu in welcher Position wir das Gestirn wann gern hätten zusammen und können, dem Computer sei Dank, alle weiteren Berechnungen den Programmen überlassen, die schlaue Menschen zu diesem Zweck ersonnen haben. Gehen wir's an zwei praktischen Beispielen mal Punkt für Punkt durch.

Wie wir die Geometrie für ein gutes Photo arbeiten lassen können

Abb. 58: Kompass in der Natur in Aktion

Wir orientieren uns an einem real vor uns liegender Ort

Hier bei mir zu Hause haben wir eine Kirche mit zwei schönen parallel nebeneinanderstehenden Türmen und ich stellte mir schon länger ein Bild vor, in dem die Sonne genau über den beiden steht. Auch von wo ich die Aufnahme mit einem geeigneten Vordergrund machen wollte, wußte ich schon. An einem freien Nachmittag begab ich mich an diese Stelle, um mit dem Kompass und dem Neigungsmesser die entsprechenden Werte einzuholen.

Für unsere Maßgabe der Bestimmung der Himmelsrichtung (des Azimut-Winkels) ist ein Spiegelkompass

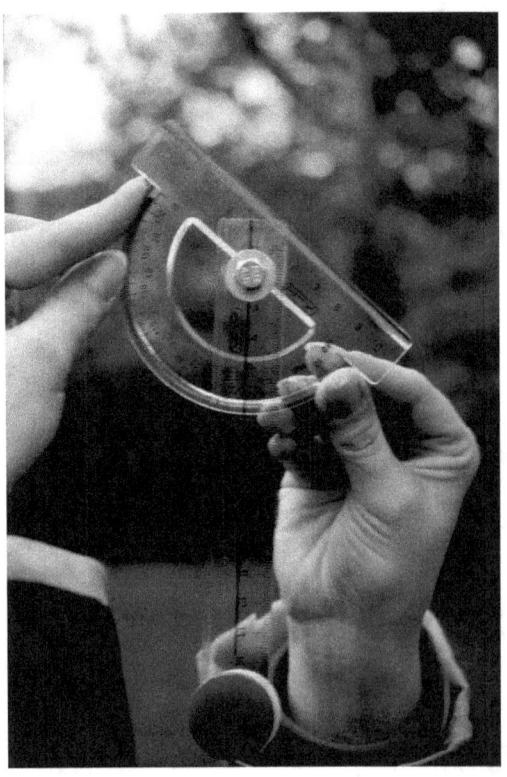

Abb. 57: Selbstgebauter Neigungsmesser

am geeignetsten, da er es gestattet ein Objekt im Gelände anzupeilen, gleichzeitig die Magnetnadel im Blick zu behalten und den Wert abzulesen. Natürlich kann man mit einem guten Kompass noch viel mehr machen, aber das ist alles, was wir brauchen. Wir peilen entweder die Stelle am Himmel an, an der wir Sonne oder Mond gern hätten oder jene, die wir aus einer bestimmten Richtung von der Sonne beschienen haben wollen, warten bis sich die Kompassnadel nach Norden eingependelt hat und verdrehen die Kompassdose bis 0° an der Nordspitze der Nadel zu liegen kommt. Der Azimut-Winkel, der der Peilmarke gegenübersteht, ist dann der Wert, mit dem wir weiterrechnen.

Auf diese Weise maß ich einen Azimut-Winkel von 70° und ein Höhenwinkel von 15°. Die Verarbeitung dieser Angaben in *AstroCalc* zusammen mit dem Längen- und Breitengrad meines Standortes (52° nördlicher Breite und 08° östlicher Länge) ergab, daß die Sonne die gewünschte Position jährlich am 20. Mai gegen 07:00 Uhr Ortszeit einnimmt. Das ist nicht selbstverständlich, denn die Azimuth-Werte für Sonnenaufgang und Sonnenuntergang schwanken ebenso wie für Mondaufgang und Monduntergang für jede geographische Position nur innerhalb eines gewissen Bereichs. Für die genannte Position liegt dieser beispielsweise zwischen 49° und 128° für den Sonnenaufgang beziehungsweise 311° und 232° für den Sonnenuntergang. Wie auch immer: Frühes Aufstehen ist zwar nicht meine Sache, aber in diesem Fall habe ich es getan und es hat sich gelohnt.

Abb. 59: Kompass und Karte in Aktion

Wir orientieren uns an einem auf der Karte vor uns liegender Ort

Bei einem mehrere Jahre zurückliegenden Aufenthalt im *Arches National Park* im US-Bundesstaat Utah habe ich, weil ich zur richtigen Zeit am richtigen Ort war, ein wunderbares Bild der im Streiflicht der untergehenden Sonne badende **Windows Section** aufgenommen (die *Windows* sind die für dieses Gebiet typischen, in den weichen Sandstein erodierten, Fenster und Öffnungen). Leider wurde das Dia durch einen dummen Fehler irreparabel beschädigt und ich möchte es auf einer kommender Reise neu und noch besser aufnehmen: diesmal soll die Sonne dem Motiv genau gegenüberstehen.

Wie wir die Geometrie für ein gutes Photo arbeiten lassen können

Um dies zu planen, bediene ich mich der in der offiziellen Park-Broschüre enthaltenen Karte des Gebiets. Auf ihr lege ich den Kompass parallel zum Kartenrand oder einer senkrechten Gitterlinie über den geplanten Aufnahmestandort, hier den *Petrified Dunes Viewpoint*, verdrehe die Kompassdose bis N(orden) entsprechend dem Nordungspfeil auf der Karte genau nach oben weist (Karten sind in aller Regel genordet, das heißt ihre Oberkante ist zugleich die Nordrichtung) und lese den auf das Motiv *Windows Section* weisenden Azimut-Winkel von 50° ab. Da ich mir die Sonne für die neue Aufnahme aber in der genau entgegengesetzten Richtung wünsche, addiere ich zu diesem Wert 180° und erhalte so den für die Eingabe ins Programm nötigen Azimut von 230°. Die Längen- und Breitenangaben für den *Arches NP* (38° Nord, 109° West) sind in einer Online-Datenbank schnell gefunden und die Erfahrung hat gelehrt, daß die Sonne das gewünschte rotlastige warme Licht bei einem Höhenwinkel von 5° bis 10° produziert. Alle Angaben verrechnet das Programm *AstroCalc* zu einem Datum, dem 04. Dezember gegen 16:00 Uhr. – Leider hat sich bis jetzt noch keine Winterreise nach Utah ergeben!

Die elektronischen Helfer

Um noch einmal der Illusion absoluter Präzision vorzubauen: Die beschriebenen Methoden und die folgenden Programme verhelfen uns nicht zu 100 %iger Sicherheit. Jede Angabe muss im Rahmen einer gewissen Toleranz betrachtet werden, die wir dann vor Ort entweder durch ein paar Schritte zur Seite oder das Zuwarten einiger Minuten kompensieren müssen, um die optimale Situation herzustellen.

Das Programm *AstroCalc* 3.0 gestattet es, unter Angabe von Längengrad, Breitengrad, Azimut und Höhenwinkel (die als min/max Werte eingegeben werden, um einen gewissen Spielraum zu haben) nach Daten zu suchen, an denen sich Sonne, Mond oder ein Planet in dem so definierten Teil des Himmels befindet. *AstroCalc* ist eine kommerzielle und kostenpflichtige Anwendung (7).

SunPATH ist dagegen ein ein Spezialist für die Bahn der Sonne, die es anhand einer umfangreichen Datenbank und der Möglichkeit der manuellen Positionseingabe für jeden Ort auf der Welt berechnet und unter verschiedenen wählbaren Aspekten auch graphisch darstellt. Es ist ein kommerzielles und kostenpflichtiges Programm (8).

Heavenly-Opportunity ist eine Anwendung, die speziell für Photographen konzipiert wurde und die es gestattet gezielt und ortsbezogen nach Sonnenauf- und -untergangs- / Mondauf- und -untergangs-Ereignissen zu suchen und diese optimal aufeinander abzustimmen. Besonders hervorhebenswert für USA-Reisen: Das Programm bietet eine 30 000 Orte umfassende Datenbank mit 500 Landschaftsschutzgebieten und 2500 wichtigen topographischen Formationen, wie Berge oder Flüsse. *Heavenly-Opportunity* ist als Shareware kostenpflichtig (9).

Moon Calculator ist ein DOS-Programm, das Informationen hinsichtlich der Position, Phase, Orientierung und Sichtbarkeit des Mondes für jedes Datum und jede geographische Position berechnet und auch graphisch aufbereiten kann. Es ist als Freeware erhältlich (10).

Eine gute Datenquelle ist die Website des **US Naval Obervatotry**. Hier können Sie präzise Angaben zu Sonnenauf-/-untergangszeiten, Mondauf-/-untergangszeiten, Mondphasen, Finsternissen und Positionen von Objekten in unserem Sonnensystem für Ihre geographische Position berechnen lassen (11).

Zu guter Letzt möchte ich Ihnen noch die außerordentlich informative Sammlung an **Java-Applets** ans Herz legen, die Jürgen Giesen zusammengestellt hat. Online können Sie hier die spannendsten Zusammenhänge aus Physik und Astronomie berechnen lassen und sich eine Fülle an Daten und Hintergrundwissen aneignen (12).

Da wir aber im Feld nicht unbedingt immer einen PDA oder ein Notebook dabei haben, will ich darüber hinaus ein nützliches kleines Helferlein für die spontanen Ideen vor Ort nicht unerwähnt lassen. Die Multifunktionsuhr vom Typ *Casio Forester* kann uns mit der Angabe der Auf- und Untergangszeiten für Sonne und Mond sowie der auf die Himmelsrichtung bezogenen graphischen Darstellung ihrer jeweiligen Bahnen in solchen Situationen quasi als „Astrolabium am Handgelenk" dienen und so manche ansonsten vielleicht verpasste Photochance erhalten.

7 Anhang

Inhalt

Anmerkungen
Literaturverzeichnis
Stichwortverzeichnis

Anhang

Anmerkungen

(1) Nach Daten aus Lynch, D. K., Livingston, W.: *Color and Light in Nature.* Cambridge University Press (2001)

(2) Basiert auf Daten des US Naval Observatory, www.usno.navy.mil/USNO

(3) www.astrocom.de

(4) www.teleskopservice.de

(5) www.lumicon.com/dsf.htm

(6) www.kendrickastro.com/astro/index.html

(7) www.astrocalc.com

(8) www.wide-screen.com

(9) http://ho.fossilcreeksoft.com

(10) www.ummah.com/ildl/mooncalc.html

(11) http://aa.usno.nav.mil

(12) www.geoastro.de

Literatur

Physik und Optik

American Association of Physics Teachers: *Polarized Light.* American Institute of Physics (1963)

Breuer, H.: *dtv-Atlas Physik, Band 1. Mechanik, Akustik, Thermodynamik, Optik.* Deutscher Taschenbuch Verlag (1996)

Cagnet, M. et al: *Atlas of Optical Phenomena.* Prentice Hall (1962)

Falk, D., Brill, D., Stork, D.: *Seeing the Light.* Wiley (1986)

Faughn, J., Kuhn, K. F.: *Physics for perople who think they don´t like physics.* Saunders (1976)

Hammer, K., Hammer H.: *Grundkurs der Physik, Elektrizitätslehre, Optik, Quantenphysik und Atomphysik, Kernphysik, Elementarteilchen-Physik: Teil 2.* Oldenbourg Verlag (1994)

Literaturverzeichnis

Hänsel, H., Neumann, W.: *Physik - Elektrizität, Optik, Raum und Zeit.* Spektrum Akademischer Verlag (1993)

Hecht, E., Zajac, A.: *Optics.* Addison-Wesley (1974)

Jenkins, F. A., White, H. E.: *Fundamentals of optics.* McGraw-Hill (1976)

Kühlke, D.: Optik: *Grundlagen und Anwendungen.* Harri Deutsch (2007)

Lüders, K.: *Pohls Einführung in die Physik, Bd.3 : Optik und Atomphysik.* Springer (1976)

Meschede, D.: *Optik, Licht und Laser.* Teubner Verlag 1999

Perkowitz, S.: *Eine kurze Geschichte des Lichts.* Deutscher Taschenbuch Verlag 1998

Pirenne, M. H. L.: *Optics, Painting and Photography.* Cambridge University Press (1970)

Shurcliff, W. A., Ballard, S. S.: *Polarized Light.* Van Nostrand (1964)

Waldman, G.: *Introduction to Light: The Physics of Light, Vision, and Color.* Dover Publications (2002)

Walther, T., Walther, H.: *Was ist Licht?* C.H. Beck (1999)

Atmosphären-Physik

Bohren, C. F., Huffmann, D. R.: *Absorption and Scattering of Light by Small Particles.* Wiley (1983)

Bullrich, K.: *Die farbigen Dämmerungserscheinungen.* Birkhäuser Verlag (1982)

Byers, H. R.: *General Meteorology.* McGraw-Hill (1959)

Freeman, W. H.: *Light from the sky.* Scientific American (1980)

Greenler, R.: *Rainbows, Halos and Glories.* Cambride University Press (1980)

Lynch, D. K., Livingston, W.: *Color and Light in Nature.* Cambridge University Press (2001)

Middleton, W. E. K.: *Vision through the atmosphere.* University of Toronto Press (1968)

Minnaert, M.: *The nature of light and colour in the open air.* Dover Publications (1954)

Schlegel, K.: *Vom Regenbogen zum Polarlicht. Leuchterscheinungen in der Atmosphäre.* Spektrum Akademischer Verlag (1999)

van de Hulst, H. C.: *Light Scattering by Small Particles.* Dover Publications (1981)

Williamson, S. J.: *Light and Color in Nature and Art.* Wiley (1983)

Anhang

Astronomie

Baschek, B., Unsöld, A.: *Der neue Kosmos: Einführung in die Astronomie und Astrophysik.* Springer (2006)

Berman, B.: *Die Wunder des Nachthimmels.* Piper (1999)

Celnik, W. E., Hahn, H. M.: *Astronomie für Einsteiger.* Franckh-Kosmos (2002)

Grimvall, G.: *Warum funkeln die Sterne?* Bechtermünz (1997)

Hanslmeier, A.: *Einführung in Astronmie und Astrophysik.* Spektrum Akademischer Verlag (2002)

Herrmann, J., Bukor, H.: *dtv-Atlas Astronomie.* dtv (2000)

Keller, H. U.: *Astrowissen.* Kosmos (2003)

Keller, H. U., Weiland, G.: *Kompendium der Astronomie.* Franckh-Kosmos (2008)

Lacroux, J., Legrand, C.: *Der Kosmos Mondführer.* Franckh-Kosmos (2000)

Meissner, R.: *Geschichte der Erde.* C. H. Beck (1999)

Prölss, G. W., Prölss, W.: *Physik des erdnahen Weltraums.* Springer (2001)

Weigert, A., Wendker, H. J., Wisotzki L.: *Astronomie und Astrophysik: Ein Grundkurs.* Wiley (2009)

Wischnewski, E.: *Astronomie in Theorie und Praxis.* Verlag Software Entwicklung (2009)

Navigation

Goudie, A.: *Physische Geographie.* Spektrum Akademischer Verlag (2002)

Heineberg, H.: *Einführung in die Anthropogeographie / Humangeographie.* Utb für Wissenschaft (2003)

Leser, H. (Hrsg.): *Diercke Wörterbuch Allgemeine Geographie.* dtv (2001)

Meyer-Haßfurther, M., Meyer-Haßfurther I.: *500 Jahre Navigation: Navigationsinstrumente vom 15. bis zum 19. Jahrhundert.* Verlag Heel (2005)

Stein, W., Kumm, W.: *Astronomische Navigation.* Delius Klasing (2002)

Strahler, A. H.: *Physische Geographie.* Utb für Wissenschaft (2002)

Toghill, J.: *Navigation. Methoden - Ausrüstung - Praxis.* Delius Klasing (2004)

Literaturverzeichnis

Photographie

Adams, A., Baker, R.: *Das Negativ*. Verlag Christian (1998)

Adams, A., Baker, R.: *Das Positiv als photographisches Bild*. Verlag Christian (1998)

Adams, A., Baker, R.: *Die Kamera*. Verlag Christian (2000)

Clements, J.: *Digitale Landschaftsfotografie*. Rowohlt (2003)

Cornish, J., Waite, C.: *Light and the Art of Landscape Photography*. AMPHOTO (2003)

Ctein: *Post Exposure*. Focal Press (2000)

Dasai, A., Russel. S.: *Essentials of Digital Photography*. New Riders Publishing (1997)

Davies, A., Fennesy, P.: *Digital Imaging for Photographers*. Focal Press (1998)

Eastman Kodak Company: *Digital Imaging Fundamentals – CD Training Series*. (1994)

Erickson, B., Romano, F.: *Professional Digital Photography*. Prentice Hall (1999)

Farace, J.: *Digital Imaging: Tips, Tools and Techniques*. Focal Press (1998)

Feininger, A.: *Andreas Feiningers Grosse Fotolehre*. Heyne (2001)

Fielder, J.: *Photographing the Landscape: The Art of Seeing*. Westcliffe Publications (1996)

Fitzharris, T.: *The Sierra Club Guide to 35 mm Landscape Photography*. Sierra Club Books (1994)

Gombrich, E. H.: *Art and illusion*. Phaidon (1959)

Hope, T.: *Landscape: The World's Top Photographers and the Stories Behind Their Greatest Images*. Rotovision (2003)

Johnson, S.: *Stephen Johnson on Digital Photography*. O'Reilly (2006)

Kemp, M.: *The Science of art: optical themes in Western art from Brunelleschi to Seurat*. Yale University Press (1990)

Langford, M.: *Advanced Photography*. Focal Press (1998)

Mante, H., Neumann, J. H.: *Objektive kreativ nutzen*. Verlag Photographie (1986)

Marchesi, J. J.: *Handbuch der Fotografie - Band 1*. Verlag Photographie (1999)

Marchesi, J. J.: *Handbuch der Fotografie - Band 2*. Verlag Photographie (1999)

Marchesi, J. J.: *Handbuch der Fotografie - Band 3*. Verlag Photographie (1999)

Marchesi, J. J.: *Photokollegium Teil 1*. Verlag Photographie (1991/92)

Anhang

McClelland, D., Eismann, K.: *Real World Digital Photography: Industrial Techniques.* Peachpit Press (1999)

Peterson, B. F.: *Learning to See Creatively: Design, Color & Composition in Photography.* Watson-Guptill (2003)

Peterson, B.: *Understanding Exposure.* AMPHOTO (1990)

Ray, S.: *Applied Photographic Optics.* Focal Press (1988)

Rowell, G.: *Mountain Light.* Sierra Club Books (1995)

Rowell, G.: *Galen Rowell's Vision.* Sierra Club Books (1993)

Schaefer, J. P.: *Basic Techniques of Photography.* Little, Brown and Company (1993)

Sigrist, M, Stolt, M.: *Die große Objektiv Fotoschule.* Umschau Buchverlag (2001)

Stroebel, L.: *View Camera Technique.* Focal Press (1999)

Stroebel, L., Compton, J., Current, I., Zakia, R.: *Basic Photographic Materials And Processes.* Focal Press (2000)

Stroebel, L., Zakia, R. (Hrsg.): *The Focal Encyclopedia of Photography.* Focal Press (1993)

Tillmanns, U.: *Fotolexikon - 1367 Fachbegriffe.* Verlag Photographie (1991)

Tillmans, U.: *Kreatives Grossformat – Grundlagen und Anwendungen.* Verlag Photographie (1992)

Tillmans, U.: *Kreatives Grossformat – Naturlandschaften.* Verlag Photographie (1994)

Walter, T.: *MediaFotografie analog & digital.* Springer (2005)

Weber, E. A.: *Sehen, Gestalten und Fotografieren.* de Gruyter (1979)

White, J.: *The birth and rebirth of pictorial space.* Faber and Faber (1967)

White, R.: *How Computers Work.* QUE (1998)

Wolfe, A., Davidson, A.: *Edge of the Earth, Corner of the Sky.* Wildlands Press (2003)

Zakia, R.: *Perception and Imaging.* Focal Press (1997)

Agoston, G. A.: *Color Theory And Its Application In Art And Designs.* Springer (1979)

Billmeyer, F. W., Saltzman, M.: *Principles Of Color Technology.* Wiley (1981)

Bouma, P. J.: *Physical aspects of colour: an introduction to the scientific study of colour stimuli and colour sensations.* Macmillan (1971)

Eastman Kodak Company: *Color as seen and photographed.* (1966)

Literaturverzeichnis

Fairchild, M. D.: *Color Appearance Models*. Addison Wesley (1998)

Hunt, R. W. G.: *The Reproduction of Color*. Fountain Press (1996)

Wyszecki, G., Stiles, W. S.: *Color Science*. Wiley (1967)

Arnold, H. J. P.: *Night Sky Photography*. George Philip (1988)

Martin, A., Koch, B.: *Digitale Astrofotografie*. Oculum (2009)

Schröder, K. P.: *Praxishandbuch Astrofotografie*. Franckh-Kosmos (2003)

Seip, S.: *Himmelsfotografie mit der digitalen Spiegelreflexkamera*. Franckh-Kosmos (2009)

Spektrum der Wissenschaft: *Sterne und Weltraum Basics. Astrofotografie: Den Himmel im Bild festhalten*. Spektrum Verlag (2004)

Anhang

Stichwortverzeichnis

A

Aerosole 32, 33, 41, 46
Alpenglühen 42, 48
Analemna 23, 24
Aphelion 24, 75
Atomaufbau 13

B

Barndoor Tracker 83

C

Canopus 93, 94

D

Dämmerungsbogen 44, 45, 46, 48
Dämmerungshof 47, 49
Dämmerungsphänomene 4, 31, 42, 43, 44, 45, 47, 49
  Fahrplan der 45–50
Dämmerungsphasen 42
  astronomische Dämmerung 42
  bürgerliche Dämmerung 42
  nautische Dämmerung 42
  und geographische Breite 49
Deklination 81, 82, 83, 85, 87, 88, 100
Deviation 101
digital montieren 95
Dipol 12, 13, 99
Doppelbelichtung 66, 69, 95
Dunst 4, 7, 31, 32, 34, 35, 70

E

Einstein, Albert 14
Ekliptik 23, 28, 29, 57, 59
Elektromagnetische Strahlung
  Polarisationsrichtung 14
Erde
  Umlaufbahn in den Jahreszeiten 25
Erdenschein 66, 69
Erdschatten 45, 46, 47, 48, 57
Erntemond 61

F

Fluoreszenz 19

G

Gegendämmerungsbogen 45, 46, 47, 48, 49
Großer Wagen
  scheinbare Bewegung 93

H

Himmelsäquator 23, 28, 29, 81, 83, 85, 90, 92
Himmelsnordpol 82, 85, 89, 90, 91, 92
  Bestimmen 91
Himmelssüdpol
  Bestimmen 94
Höhenwinkel bestimmen 103

I

Inklination 101

Stichwortverzeichnis

J

Jahreszeiten 4, 7, 21, 24, 25, 27, 28, 29, 30, 58, 62, 64, 65, 92

K

Kleine Magellansche Wolke 93
Klinometer. *Siehe* Neigungsmesser
Kompass 5, 97, 98, 99, 100, 101, 104, 105, 106
   Haupthimmelsrichtungen 99
Kreuz des Südens 93, 94

L

Licht
   Erzeugung von 17–19
   Spektrum des sichtbaren 18
Lichtverschmutzung 88
Lord Rayleigh. *Siehe* Strutt, John William
Luftlicht 38, 39
Luftmasse 36, 44, 76, 77
Lumineszenz 19

M

Magnetkompass 99
Magnetkompassfehlweisung 100
Mie, Gustav 34
Mie-Streuung 4, 7, 31, 32, 35, 37, 40, 41
Mond
   Abbildungsgröße 68
   maximale Belichtungszeit 69
   Monate
      siderischer 57
      synodischer 57
   Umlaufbahn 5, 55, 56–58, 58, 59
      retrograde Bewegung 58
Mondphasen 57, 58, 62, 63, 65, 69, 107
   erstes Viertel 59, 63, 64
   letztes Viertel 59, 65
   Neumond 57, 58, 59, 61, 62, 63, 65, 88
   Vollmond 53, 58, 59, 61, 62, 64, 65, 67, 69, 71, 72, 74, 75, 76, 77, 80, 84

N

Negativfilm 6
Neigungsmesser 5, 97, 99, 101, 102, 103, 104
Newton, Isaak 14

O

Optik, Disziplin 11
Orland, Ted 10

P

Perihelion 24, 75
Phosphoreszenz 19
Planck, Max 14
Planeten 22, 80, 81, 84
Polarisation 4, 9, 14, 15, 16
Polarisationsfilter 16, 34, 67
   Funktionsprinzip des 17
Polarstern 82, 91, 93
Präzession 82

Anhang

Programme zur Aufnahmeplanung 106
Purpurlicht 46, 48
Purpurlicht-Oval 46

Q

Quantenhypothese 14
Quantentheorie 7

R

Rayleigh-Streuung 4, 7, 16, 31, 36, 37, 46, 48
Refraktion 4, 7, 31, 50, 51
   atmosphärische 50
Regenbögen 4, 7, 31, 52, 53
   Schema der Entstehung 53
Retardation 60
Rowell, Galen 6

S

sandwichen 95
Scotch Mount 83
Sonne
   Einstrahlungswinkel in den Jahreszeiten 25
Sonnenfarbe und -höhe 41
Spektrum, elektromagnetisches 10
Startrails 5, 7, 79, 86, 87, 89, 90, 91, 92, 93, 94, 95
   Aussehen und Gestaltung 5, 7, 79, 86, 87, 89, 90, 91, 92, 93, 94, 95
   Länge und Belichtungszeit 87
Strutt, John William 36

T

Tageslängen, unterschiedliche 27
Tagundnachtgleiche 23, 25, 26, 28, 49, 61

U

Umkehrfilm 6

W

Wellen, elektromagnetische 11
   Ausbreitungsrichtungen 12
   Kenndaten
      Amplitude 12
      Frequenz 12
      Wellenlänge 12
Wellenlänge, Definition 11

Z

Zenit 22, 37, 38, 40, 60, 77, 91, 102, 103
Zirkumpolarsterne 82

In dieser Reihe ebenfalls erschienen

Der 1. Band der Reihe *Photo*Wissen befaßt sich mit elementaren Fragen aus visueller Wahrnehmung und photographischer Bildentstehung.

Wie arbeitet unser Gesichtssinn zwischen Auge und Gehirn? Wie entstehen photographische Abbildungen? Wieso nehmen wir unsere Umwelt dreidimensional wahr? Welche Faktoren müssen wir berücksichtigen, um die Raumtiefe in unseren Photos zu transportieren? Woran orientiert sich unsere Wahrnehmung der Objektgrößen und die Abbildung derselben? Am Ende steht eine physiologisch begründete Schlußfolgerung dazu, was wir in der Photographie tun sollten, um visuell gute

*Photo*Wissen 1 Bildenstehung, Raumtiefe, Größe, 136 Seiten
78 Abbildungen, davon 38 in Farbe

Der 2. Band der Reihe *Photo*Wissen befaßt sich mit den visuellen und technischen Grundlagen von Helligkeit und Farbe.

Wie nehmen wir Helligkeit und Farbe wahr? Warum nehmen wir unsere Umwelt farbig wahr? Existiert ohne uns eine farbige Welt? Wie reproduzieren wir Helligkeits- und Farbeindrücke? Warum ist Farbmanagement nötig und wie funktioniert es? Wie erzeugen die photographischen Bildträger Helligkeit und Farbe? Welche Hinweise können wir aus der Arbeit des visuellen Systems für die Bildgestaltung ziehen?

*Photo*Wissen 2 Helligkeit und Farbe, 136 Seiten
90 Abbildungen, davon 67 in Farbe

In dieser Reihe ebenfalls erschienen

Band 3 der Reihe *Photo*Wissen beleuchtet das Themenfeld Kontrast.

Was ist Kontrast und wie bestimmt man ihn? Warum ist der Kontrast für unsere visuelle Wahrnehmung entscheidend? Wie groß ist das Kontrastvermögen des visuellen Systems und von welchen Faktoren hängt es ab? Wie viele Tonwerte können wir in einem Photo wahrnehmen? Welche Erwartungen haben wir an die Kontrastreproduktion einer Photographie? Wie erfüllen wir diese Erwartungen in der analogen bzw. digitalen Photographie? Wovon hängt das Kontrastvermögen unserer Bildträger ab? Was hat es mit der Gammakorrektur auf sich? Welche Rolle spielt der Kontrast für die Belichtungsmessung?

*Photo*Wissen 3 Kontrast, 136 Seiten
78 Abbildungen, davon 24 in Farbe

Dieser 4. Band der Reihe *Photo*Wissen widmet sich dem Komplex der visuellen Schärfe.

Was ist visuelle Schärfe? Wieso sind Auflösungsvermögen und Kantenschärfe entscheiden für unseren Schärfeeindruck? Von welche Faktoren hängt das Auflösungsvermögen des visuellen Systems ab? Welche optischen Grundlagen bestimmen über die Abbildungsschärfe? Was ist Schärfentiefe und wie verhält sie sich im Hinblick auf die verschiedenen photographischen Stellschrauben? Wie beziffert sich das Auflösungsvermögen der photographischen Komponenten und des Bildes? Wie können wir unseren Aufnahmen zu größerer Kantenschärfe verhelfen?

*Photo*Wissen 4 Schärfe, 156 Seiten
65 Abbildungen davon 21 in Farbe

www.ingramcontent.com/pod-product-compliance
Lightning Source LLC
Chambersburg PA
CBHW082339220526
45470CB00008B/2564